U0204490

万物新知

HOW TO BUILD A UNIVERSE

烹饪宇宙

PENGREN YUZHOU

[英] 布莱恩 · 考克斯 [英] 罗宾 · 因斯
[英] 亚历山大 · 费凯姆 著
严晨风 施韡 译

接力出版社
Publishing House

桂图登字：20-2018-029

图书在版编目（CIP）数据

烹饪宇宙 /（英）布莱恩 · 考克斯，（英）罗宾 · 因斯，（英）亚历山大 · 费凯姆著；严晨风，施韡译 . — 南宁：接力出版社，2019.4
（万物新知）
书名原文：How to Build a Universe
ISBN 978-7-5448-5789-5

Ⅰ. ①烹… Ⅱ. ①布… ②罗… ③亚… ④严… ⑤施… Ⅲ. ①宇宙-普及读物 Ⅳ. ① P159-49

中国版本图书馆 CIP 数据核字（2018）第 246067 号

责任编辑：刘佳娣　美术编辑：许继云　装帧设计：许继云
责任校对：杜伟娜　责任监印：刘　冬　版权联络：王彦超
社长：黄　俭　总编辑：白　冰
出版发行：接力出版社　社址：广西南宁市园湖南路9号　邮编：530022
电话：010－65546561（发行部）　传真：010－65545210（发行部）
http://www.jielibj.com　E－mail:jieli@jielibook.com
经销：新华书店　印制：北京鑫丰华彩印有限公司
开本：710毫米×1000毫米　1/16　印张：18.75　字数：350千字
版次：2019年4月第1版　印次：2019年4月第1次印刷
印数：00 001—10 000册　定价：49.00元

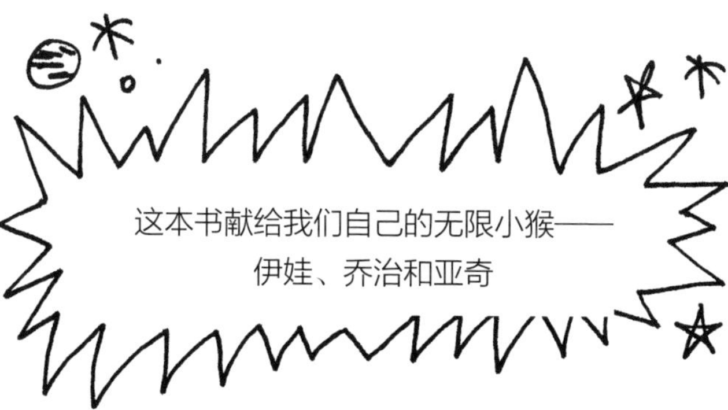
这本书献给我们自己的无限小猴——
伊娃、乔治和亚奇

开篇

一篇非常特殊的前言

大家好！

《无限猴笼》（The Infinite Monkey Cage）到底是什么？有一首歌曲叫这个名字，非常棒，那首曲子的演奏几乎要用到杰夫·林尼[1]的所有乐器，绝对值得你去下载，用作圣诞节的音乐。但很遗憾，这是可恶的英国广播公司（BBC），所以你不能随意下载，你得付钱才行。这就是你现在只能捧着这本书的原因。

我想你会感觉这本书还是非常有用的。比如你可以拿来抵住门不让它关上，或者在享用圣诞节大餐的时候，拿来当垫子，防止热盘子烫坏桌布。当然你要当心圣诞节布丁[2]，这本书本身可是非常容易着火的。要是着了火，说不定还会烧到一旁的某位老阿姨。不过，如果你感觉有点冷的话，这本书倒是可以派上用场。你只要把它丢进火炉里，很快就能享用一个温暖而愉悦的圣诞节了。

正如你所知道的那样，科学家是新一代的大厨，所以，可怜的因斯[3]曾经是一个还算过得去的喜剧演员，现在却搭上了一个长得很帅的物理学教授，扮演着“罗宾”这么一个愚蠢的角色。不过，要是这样能让罗宾这家伙不再去科尔切斯特[4]演出的话，那我觉得这一切都值得了。

关于《无限猴笼》本身，我说几句。

这笼子真的是无限的吗？

还是说猴子是无限的？

还是说它们两者都是无限的？

在无数的平行宇宙中，会不会存在一个“无限驴笼”？

我觉得我们应该找到这个问题的答案。

这本书就是关于这个问题的。

我应该按照我的传统，在泰式按摩椅上，听着《七十年代之音》[5]，悠闲地度过我的圣诞节假期的。很遗憾的是，在曼谷这里听不到女王的讲话，但我也有其他方面的补偿：其中之一就是何塞·穆里尼奥[6]的一段启迪人心的演讲；还有一瓶约翰·克里斯[7]从他家的地窖里拿给我的无麸质杏仁酒，冬天的时候他会在他的酒窖里倒挂着睡觉。

至于其他人，请享受宇宙膨胀的又一年吧！还要记得多买点巨蟒剧团的垃圾产品。我们出道时间还不长，我们的确需要钱！

圣诞节快乐！

埃里克·埃达尔

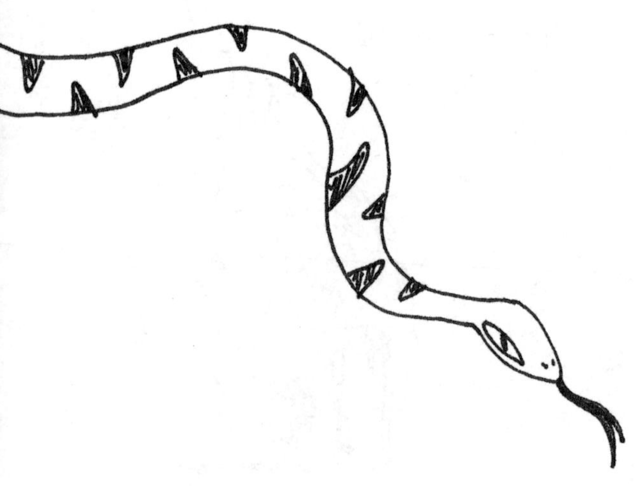

注释（本书注释除原注外均为译者注）：

［1］杰夫·林尼（Jeff Lynne，1947—　），英国音乐家，《无限猴笼》节目同名主题音乐的制作人。

［2］圣诞节布丁，英国人过圣诞节的时候，有时候会点燃黄油布丁。

［3］因斯就是后文中的罗宾，《无限猴笼》节目的主持人，他的全名是罗宾·因斯（Robin Ince）。

［4］科尔切斯特（Colchester），英格兰南部埃塞克斯郡的一个小城镇。

［5］《七十年代之音》（*Sounds of the Seventies*），BBC 的一个音乐节目。

［6］何塞·穆里尼奥（José Mourinho，1963—　），葡萄牙足球教练。

［7］约翰·克里斯（John Cleese，1939—　），英国演员，英国喜剧剧团巨蟒剧团（Monty Python）创始人。

埃里克·埃达尔

（Eric Idle，1943—　），英国喜剧演员，作家，《无限猴笼》节目同名主题音乐的词作者

来自制作人的话

一个关于制作人的故事

作者：亚历山大（萨沙）·费凯姆

嗨，我是萨沙，《无限猴笼》节目的制作人。我这里说“制作”，其实是名不副实的。为什么这么说呢？一会儿你们就知道啦。

布莱恩觉得，我能写点关于与他和罗宾共事是什么感受的文章会是个不错的主意。我不确定布莱恩在提出这个点子的时候，自己是否真的认真考虑过这个问题。但我很是兴奋啊，我充满热情，简直歇斯底里！

很显然，布莱恩被我的反应吓到了。大概我当时是对着空气挥了几拳，然后大喊一声：“YES! 世界终于要了解我的故事啦！”或许，我越线了 1 纳米[1]。

尽管如此，布莱恩还是努力掩饰着自己内心的一丝警觉，脸上挂着略带紧张的微笑。这时候，布莱恩意识到自己要想收回这句话显然是不可能的了，那匹野马，那个看猴人，早就已经从打开的“无限动物园”中飞奔而出，速度已经接近光速。

于是，才有了我坐在这里给你讲述制作人的故事，我将会告诉你《无限猴笼》是如何一步步成为现实的，以及与“猴子们”共事的一些感受。当然，我们这个节目的名字完全不能反映参与制作的人们的个性，也不能体现我们节目录制的方式，但很显然，我们都已经慢慢变成了这个标题所代表的样子。谢天谢地！我们当初没有把节目取名为《顶尖极客》(Top Geek)。

回到 2008 年，欧洲核子研究中心 (CERN) 开始启动“科学实验之母”——大型强子对撞机 (LHC)。迄今为止，这仍然是世界上长度最长、速度最快，当然价格也最昂贵的科学实验。通过粒子高速对撞，这里可以复现宇宙大爆炸后数十亿分之一秒时的物理环境，这是一项终极检验，能够让我们回答很多关于“为什么”和“如果”的问题。

当大型强子对撞机正式开始运行时，布莱恩和我正坐在欧洲核子研究中心的控制室里，旁边还有安德鲁·玛尔，我们一同在《今天》(*Today*)节目中向全国进行直播。这件事本身就很诡异——对这样一个隐藏在地下，专门针对微观粒子的实验，在我看来即便是大卫·爱登堡也很难讲解清楚的实验进行直播，而且还是通过广播的形式。正如伊凡·戴维斯在伦敦的《今天》节目演播室里评价的那样：“这就像奥运会跆拳道比赛，听上去很有意思，但没人知道到底是什么情况。”

非常幸运的是，当时各大流行媒体竞相报道的黑洞并没有被制造出来，于是我们才能活着讲述这个故事[2]。当然后面的事情大家都知道了，这台超级机器发现了幽灵般的希格斯粒子，这种粒子赋予我们质量，并开启了人类认识宇宙的崭新篇章。

但或许这个超级实验最大、最了不起的成就，是它在普通公众间点燃的兴趣之火：几乎在一夜之间，科学突然成了很“酷”的一件事。不仅仅是笼统的“科学”，人们甚至对粒子物理学也产生了浓厚的兴趣。一些大家都很熟悉的面孔和声音突然之间跳出来，都声称他们是物理学的粉丝。请容我大胆地说一句，仿佛突然之间，科学就像摇滚乐一样被人们关注了。正是在这样的情况下，制作《无限猴笼》的想法就应运而生了。

布莱恩跟我说过很多他在旅途中与那些名人之间发生的令人捧腹的趣事，从丹·艾克罗伊德到卡梅隆·迪亚茨和约旦的努尔王后，他们都是粒子物理学的粉丝——而不仅仅是迷恋布莱恩的发型。布莱恩的一个朋友告诉我们，说我们应该去找到米克·贾格尔，还有比这更“摇滚”的吗？同一时间里，罗宾还在出演或主持着自己颇受欢迎的喜剧节目，将科学与戏剧结合在一起，于是，在 BBC 4 台，由科学家和社会名流担任嘉宾的栏目形式就这样定下来了。罗宾想出了节目的名字。一晃 10 年过去了，用今天的眼光来看，让喜剧演员卡蒂·布兰德和当代最受尊敬的宇宙学家之一卡洛斯·弗兰克同台，好像也并不那么离经叛道，罗斯·诺贝尔的身边坐着一位早期人类化石专家或者地

质学家好像也没有什么不妥。

但我觉得我真正开始相信平行宇宙的存在，是2011年我们第一次站在格拉斯顿伯里的舞台上，四周被3000多名观众震耳欲聋的热情欢呼声包围的时候。这些摇滚乐迷，大多数人看起来还没从前一晚的狂欢中清醒过来。在这样一个全英国最有名的音乐盛会上，他们就这样踉跄着跑过泥泞的场地，来到我们的大帐篷前，观看一位喜剧演员和一位物理学家谈论关于理性、证据以及科学的奇迹。

罗宾喊道："你们谁是为粒子物理学来到这里的？"回应他的是3000多人的嘶吼。"量子色动力学呢？"布莱恩喊道——更加热情而疯狂的回应。事后布莱恩总结道："好像这很不'BBC 第 4 台'，是吧？"的确，这不太"第 4 台"，甚至，有些人可能会说，不太科学。但有何不可呢？！

对于电台节目我们听到最多的抱怨是，我们正在过度简化科学——尽管如此，我想说的是，大部分这样抱怨的人根本就没听过我们的节目。你们听过哪怕一次布莱恩和罗宾的介绍吗？！真是抱歉，但在BBC 4台，诸如"你老妈太重，以至于她都发生红移了"已经属于其中最有文化的玩笑话了，你大概需要拿到天文学博士学位才能真正听懂这个笑话。我们这些人只是坐在那里，一脸蒙——尽管我们的确非常喜欢看着布莱恩咯咯笑，光是这样看着，我们就觉得很快乐。我们猜想，只要我们回家花点时间做做功课，应该就可以弄明白这个笑话的可笑之处[3]。

指责节目对科学做了过度简化是一种根本性误解，误解了我们节目的宗旨，也未能理解我们为何对节目所传达的核心信息充满激情。科学可以说是今日文化中最主要的一股势力，克隆、基因改造、核能、互联网、现代医药……你尽管举例——科学正在改变我们生活的这个世界。当你拒绝科学，你实际上不仅拒绝了未来，你也将无法理解当下。要想真正参与社会，每个人都必须具备最基本的科学知识以及符合科学原则的思维方式，尽管这一切早已被我们视作理所当然。

科学非常重要，因此它必须成为大众文化的一部分。谁会希望将我们社会的基石交给研究员们掌管呢？毕竟他们也只是人而已——他们也会哭，也会笑，他们也会看《爱情岛》，就和我们大家一样。喜剧演员们也会看书、读报纸，他们也会去医院看病、开车，也会对身边的世界感兴趣，甚至在某些特例中，这个人可能之前是全职研究量子物理学和宇宙学的，直到某天被舞台的魅力所吸引。

就我个人而言，在这个节目组工作最大的乐趣就在于将这些非凡的人物聚集到一起，然后让一个喜剧演员和一个物理学家来当主持人，你永远猜不到会发生些什么。这个节目一片“混乱”，完全是“无政府状态”，甚至——如果你是制作人的话，还有点让人心惊肉跳。即便作为一名听众，有时候大概也有这样的感觉。但不管结果如何，它永远是有趣而充满惊喜的，但最重要的是，我们希望引发人们的思考。布莱恩和罗宾真的是“无限猴子”，或许我们一开始是想要创造出一部莎士比亚的巨著，但最终我们得到的，正如这个定理[4]的命名所暗示的那样，是对于随机性的一次经典验证。但尽管有着无限的混沌性的忽悠，我希望我们永远不会沉闷，我希望我们能够把工作做到最好，一直战斗下去，力挺证据和理性思维，传播科学的奇迹和光荣，并不断提出问题。毕竟，科学能够让我们在黑板上书写下宇宙的秘密，有什么理由不爱它呢？

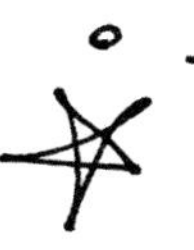

注释：

[1] 布莱恩的解释：1 纳米是 10^{-9} 米，也就是 1 米的十亿分之一。这里说越线 1 纳米的意思，是萨沙的行为比可接受的兴奋程度高出了大约 10 个氦原子直径那么多。——原注

[2] 布莱恩澄清：萨沙在这里说的“流行媒体”（popular press）特指英国媒体《每日邮报》（*Daily Mail*），当时这家媒体刊载了一篇题为《下周三我们都会死吗？》的文章。其实如果只看重精确性，那么这篇文章其实只需要一个词就写完了：不会。——原注

[3] 布莱恩补充道：这种体验，对于每一个听过罗宾的喜剧节目的听众而言，都不会陌生。——原注

[4] “无限猴子定理”：让一只猴子在打字机上随机地按键，当按键时间达到无穷时，几乎必然能够打出任何给定的文字，比如莎士比亚的全套著作。对这个问题，后文还有讨论。

42

第一章

介绍 & 无限

第一节 简介

欢迎来到《无限猴笼》

大家好，我是罗宾·因斯。

我是布莱恩·考克斯。

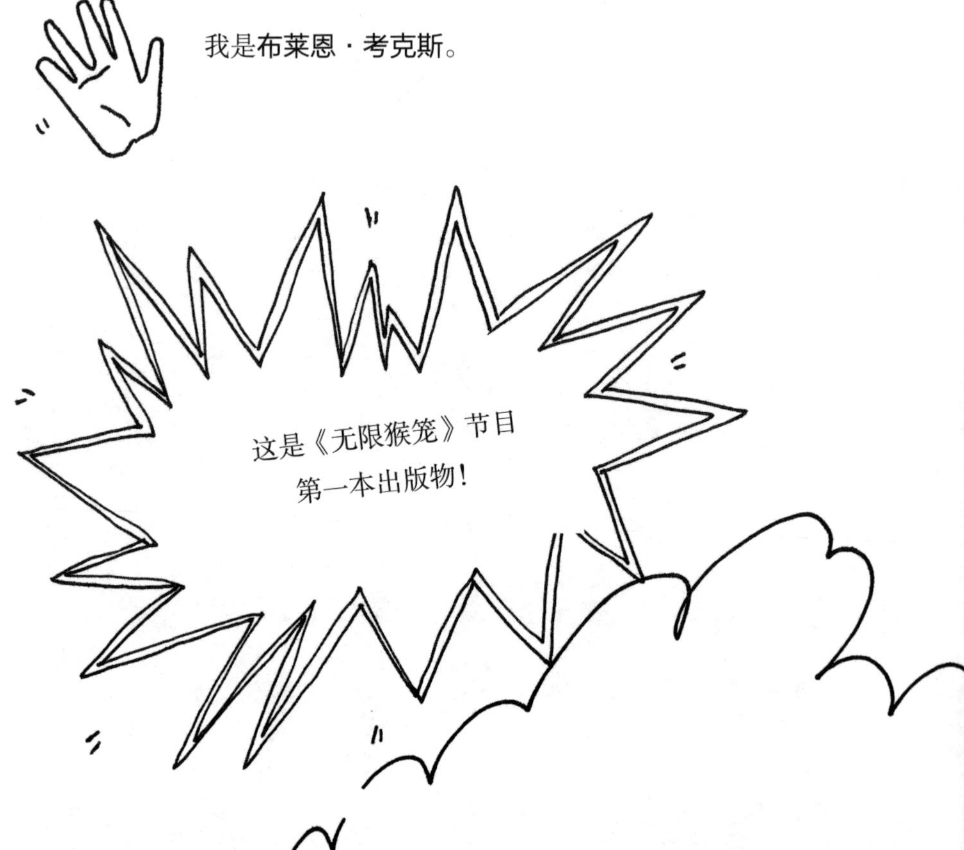

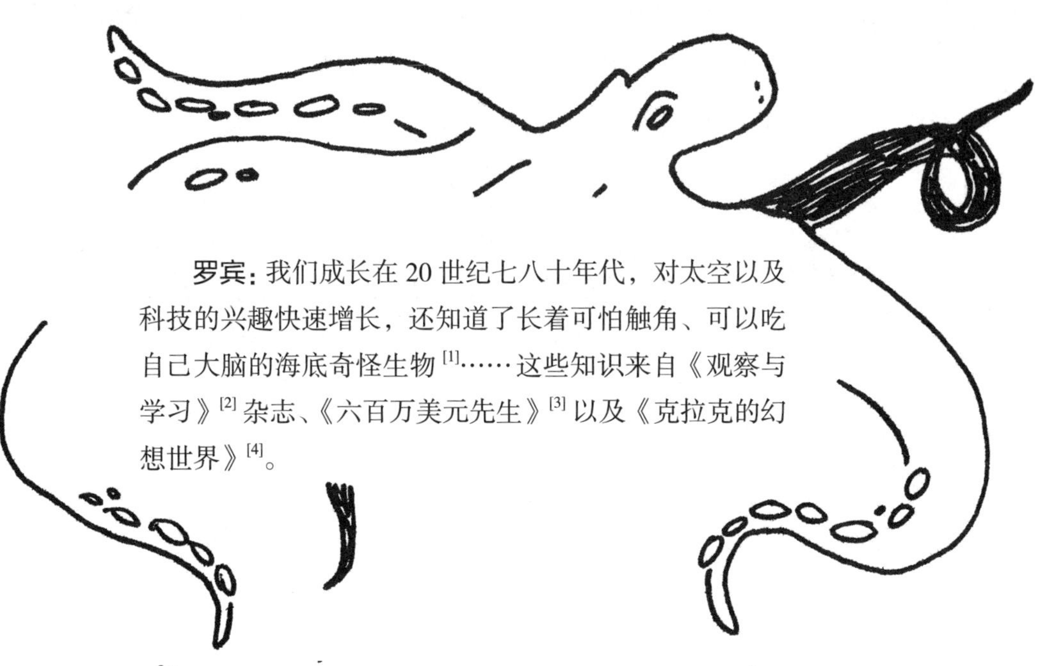

罗宾：我们成长在 20 世纪七八十年代，对太空以及科技的兴趣快速增长，还知道了长着可怕触角、可以吃自己大脑的海底奇怪生物[1]……这些知识来自《观察与学习》[2]杂志、《六百万美元先生》[3]以及《克拉克的幻想世界》[4]。

布莱恩：那还是太空竞赛的时代，在印度的一个夏天，当时我们还是孩子，对登月的事记忆不深，但是对太空探索的那种激情仍然让我们非常兴奋（就拿我来说吧，一直保存着《太空 1999》[5]的装备）。就算是在充满危险和焦虑的冷战时期，依然能看到值得一提的乐观之处以及科学技术带给我们的自信。

罗宾：颇为伤感的是，布莱恩恐怕永远不能成为一名宇航员，因为他实在太高了。我也不行，因为我废话太多……还近视……也缺乏耐心，可能会对设备误操作。假如我在“阿波罗 13 号”上，可能就回不来了，我会笨拙地四处乱撞，朝那些不听话的设备踢一脚。我还属于许多不幸之人中的一员，相信天上运行的星星居心不良，会故意破坏我美好的一天。或许有一天你会发现我死于心脏病，原因却是与无生命的天体闹别扭。

布莱恩：罗宾没有能力操作复杂的机器，所以他只能去某个大学获得一个人文类的学位，然后做了喜剧演员。而我在走了一小段音乐的弯路后，成为一名粒子物理学家，尽管之后我一度对罗兰公司的 MC-300 微型作曲机的编程很感兴趣，或者我的 MIDI（乐器数字接口）线缆发生磨损时才会偶尔将注意力转移到摇滚音乐和其他事情上。

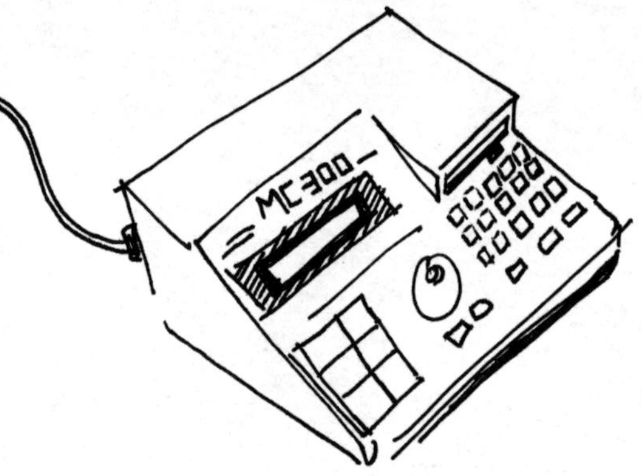

罗宾：20 世纪 80 年代早期，电视是我们的老师。卡尔·萨根（Carl Sagan）的《宇宙》是《无限猴笼》节目诞生的主要原因之一。随着作曲家范吉利斯[6]的音乐响起，萨根的“想象之船”开始在星云和恒星之间穿行。顺便说一句，这位作曲家还为一部著名电影《银翼杀手》配乐，这是布莱恩很喜欢的一部电影——他现在终于知道为什么每天晚上都会做同一个独角兽[7]的梦了。接着音乐减弱，摄像机越过悬崖，聚焦到卡尔·萨根的脸上。12 岁的我们身子笔直地坐着，瞪大眼睛，热切地盯着屏幕，耳畔传来这样的话：

宇宙包容着一切，过去是，未来也是。

于是我们都被吸引住了。在那几分钟里，我们知道了自己是由恒星物质做的，构成我们的物质来自恒星。聚在一起组成某种形状，以及组成我们大脑的原子，都是在恒星的大熔炉中锻造出来的。

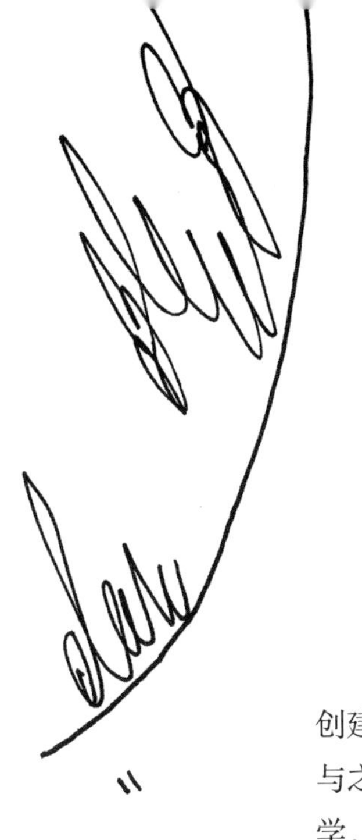

布莱恩：卡尔·萨根对我们来说很重要，他为人类与科学创建了生动的联系。他说，我们是宇宙的一部分，我们的命运与之息息相关。科学一旦脱离人文就会贬值，而如果离开了科学，我们的生活体验也将大打折扣。在探讨科学对人类的意义的过程中，我们发现科学是必要而非充分的。如果我们不知道宇宙的大小和尺度，如果不知道我们由哪些东西组成，如果不知道我们将如何回归宇宙，那么我们对所生活的世界的讨论是没有意义的。我们不断地把认知推向遥远的138亿年前宇宙诞生之初，会发现那些深邃的奥秘仍在等待着我们，如果不承认这一点，我们的讨论也会显得毫无意义。

科学常常被膜拜，因为它确实很有用。研究之所以能获得经费支持，是因为我们体会到它能产生价值。但科学真正的价值在于让我们获得可靠的知识，让我们学会谦恭。在自然面前，

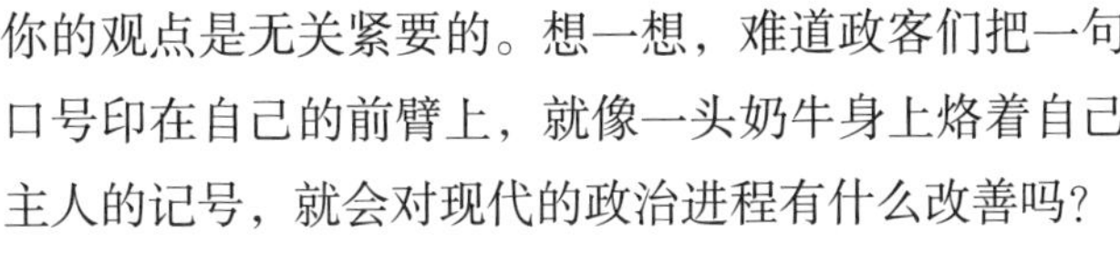
你的观点是无关紧要的。想一想，难道政客们把一句口号印在自己的前臂上，就像一头奶牛身上烙着自己主人的记号，就会对现代的政治进程有什么改善吗？

话虽如此，飞机、手机、医药、电灯、冰箱、吸尘器、计算机、无线电等，都是生活中非常有用的东西，如果没有合成纤维，那么罗宾必须再考虑别的方法加固装满书的书包。

卡尔·萨根告诉我们，我们是宇宙的一部分，我们的命运与之息息相关。

ACIDALIUM
BOREALIS

罗宾：《明日世界》[8] 告诉我们未来可能发生什么，虽然有些极为冒险的预言常常被人嘲笑，比如装在轮式高跷上的圆滚滚的汽车，但是节目当中提到的许多内容都是准确的、有趣的、鼓舞人心的。而现实世界则不断地提醒我们变化速度是多么快。21 世纪外观华丽、功能普通的一块手表，芯片的处理能力远胜于 1967 年一台笨重的家庭电脑。

第22页：雷蒙德·拜克斯特（Raymond Baxter）是《明日世界》的首位主持人。1970年，节目里出现了一个能走能说还能唱的极富创意的洋娃娃

“想象一个世界，每一个写过的词，每一张画过的画，每一部拍摄过的影片，都可以通过信息高速公路、大容量数字化联通的网络立刻在家里看到……听上去颇为宏伟，但事实上，这一切已经实现了，现在我们称之为互联网。”1994 年，凯特·贝林厄姆（Kate Bellingham）[9] 如是说。

1994 年！

想象一下没有互联网的世界吧，购物、监控或者妨碍民主，还有植入虚假信息，这些事情变得多么困难。

威廉·沃拉德（William Wollard），《明日世界》的前主持人，1970年穿着赫伯特·斯托克斯（Herbert Stokes）发明的“屋顶鞋”在伦敦圣潘克拉斯车站屋顶行走

布莱恩：我们小的时候，科学、伪科学和“胡说八道”的界线是模糊的，不像现在清晰地印刻在脑海中，但也许通过公众交谈更能区别开。卡尔·萨根在他 1995 年出版的《魔鬼出没的世界》一书中是这样写的：“我有一种不祥的预感，在下一代或下下一代生活的年代里，当美国成为一个服务业与信息产业支撑起来的经济体，当几乎所有的关键性制造业都转移到其他国家去了，只有一小部分令人叫绝的技术掌握在自己手里，当极少数人拥有可怕的技术力量，但没有能代表公众利益的人能把握这个问题时，当人们失去了自主规划日常活动的能力，或失去了一针见血地质疑所谓权威的能力时，当我们紧紧抓着水晶，慌张地占卜命运时，意味着我们的核心功能正在衰退，无法判断什么是真实，什么是好事，在不知不觉中滑落深渊，又回到了盲目崇拜、迷信与黑暗的状态。”

如果当时他的编辑说：“卡尔，或许可以删掉‘下下一代’……”估计卡尔·萨根会感到惊恐的。

罗宾：话虽如此，对生活在 20 世纪 70 年代好奇心很重的孩子来说，科学不仅仅是美国航天局（NASA）和爱因斯坦，还有大脚怪[10]和百慕大三角。那时候我不是在看大卫·爱登堡（David Attenborough）的《生命的进化》[11]，就是在阅读《未解之谜》杂志，还有就是《众神的战车》——那本书没有讨论“尼尔·阿姆斯特朗是不是宇航员”，而是深入讨论“上帝是不是一个人”。对一个好奇的孩子来说，关于大脚怪的问题和关于黑洞的问题同样都是开放的。归根结底，那个时候这两者的物理证据都是零。

1967 年帕特森 - 吉姆林制作的大脚怪[12]影片是那个时代的《女巫布莱尔》[13]，画面摇晃而且噪点严重，显示出一种令人不安的真实性。为什么这样反而具有诱导性？我不明白。从画面里看，好像是一个十分高大的人穿着一身大猩猩的服装，在森林中的一片空地上漫无目的地行走。但是，真的那么简单吗？

中国科学家根据电视图像资料对脚步长度进行了测量，认为一个人不会以这样笨拙的方式走路。我自己也试过照着那个样子走路，很吃惊地发现，不管穿不穿大猩猩的衣服，似乎都很容易做到。这大概是个重要证据，表明我有隐性的“大脚怪”基因，揭露出家族的先人可能有一段难以启齿的与北美野人幽会的历史。最终，作家格雷格·郎经过实证调查，还是给我们还原了大脚怪视频的真相。

1998 年，退休工人鲍勃·赫罗尼莫斯（Bob Heironimus）在看了一篇“大脚怪骗局”的文章后，终于决定站出来说明实情了，他就是那个躲在大猩猩服装里的人。当时，他们使用美式橄榄球护具将衣服支撑起来，然后把一个封闭得很严实的，而且散发着难闻气味的面具戴在他的头上，反正他自己丝毫不觉得好受。质疑者则认为这是国家公园游客服务处的一次经典尝试，为了掩盖他们“大脚怪”家族的真相。不过，之后一个阶段的调查却揭示了一条非常重要的信息——如果你想披着毛发瞒过正常人的眼睛，那么还是不要让一个装着假眼球的人扮演怪物吧。

当“大脚怪”转过身看着摄像机的时候，他的右眼反射了太阳光！因为鲍勃装了一个玻璃眼球！然而，质疑这个结论的人可能仍然会提出疑问：“我们怎么就知道大脚怪没有研发出玻璃眼珠呢？”于是，这个诡异事件还将继续下去，只要他们愿意。

左图：1967年10月在北卡罗来纳州制作的著名的“帕特森-吉姆林大脚怪”影片

右图：荒野探险家托马斯·比斯卡迪（C. Thomas Biscardi）声称1981年在加利福尼亚州北部曾用摄像机抓拍到大脚怪。近10年来，他一直在寻找传说中的类人猿生物

下图：据说是大脚怪的“目击”报告

布莱恩：我们讲述这个故事出于两个原因。一个是我们瞥一眼罗宾脑海中尘封已久的书库；另一个是想表达我们希望《无限猴笼》做些什么——寻找证据，证明为什么你会坚信自己所相信的。当证据指向不同结论时，希望你怀着开放的态度想办法改变自己的想法。

罗宾：我们当前生活在一个信息量急速膨胀的世界。我们会背负无关紧要的数据，我们会被许多组织或个人展现出的权威假象所误导。对思想活跃、经常质疑的人来说，他们可能一整天都会纠结于报纸的头版，看它是否准确无误。当你因开放的思维陷入迷惑时，武断反而更有用。没有什么东西是百分百正确的，认识到这点也会令人烦心，不过有时候有些东西却可以被认为是某一事件或某一思想的"最小错误形态"。在已经录制的超过100期的《无限猴笼》节目中，不管是环境变化的话题，还是宇宙学的话题，我们试图证明某一观点是具有弹性的，并且取决于有多少可用的证据。如果没有证据，你可以肆意地发散想法；不过既然没有证据，这个想法也一定缺乏实际应用的价值，也不会有人在意你的决定。

就我们俩来说，我可能会对科学家的观点更多疑一些，不过布莱恩说那是因为我不懂方程式。在本书后面的章节中，我们会探究一下那些更加火爆的争论。

布莱恩：作为情感会产生波动的人类，却能够坐在那里数着数字，根据结果制作图表，利用误差棒，用单调的语言描述他们的发现，这就是科学，冷冰冰的钻研。我希望《无限猴笼》节目能继续走下去，消除这种神话般的刻板印象。正如爱因斯坦所说的，“逻辑能把你从A带到B，而想象力能带你去任何地方”。就像我们请到的很多嘉宾，从他们的工作中能够看出，想象力和激情对他们的科学理解至关重要。我们需要保持儿时的那种渴望，将脑海中的一团乱麻慢慢理出来：“为什么？为什么呢？这是为什么呢？”

我多么希望月亮阴影里有一面液态镜子啊，于是只要找到一个巨大的环形山，就能建造一面非常非常大的望远镜。想想吧，你能拿这个大家伙做什么！——凯瑟琳·海曼斯教授，第16季第1期（2017年7月3日）

罗宾：我们希望在广播节目里点燃，或者是重新点燃人们的激情。我们希望人们可以完整地听完一期节目，然后愿意了解更多，看见更多，愿意躺在草地上仰望星空，愿意使用望远镜看看土星环，愿意想象未来充满希望的无尽可能，愿意思考如何清除挡在通往美好明天的道路上的种种障碍。

我们刚开始策划这本书的时候，希望像小时候非常喜爱的《观察与学习》年刊一样，一年出一本。这本书应该不是一本由结论堆积而成的书，我们还希望它是一条善意的鞭子，能让你更深入地去研究我们所提到的内容。

布莱恩总结道：我们都很幸运，能够以好奇为生。从我们迄今掌握的证据来看，我们似乎是一种稀有物种，一个有自我意识的物种，一个对生存环境的兴趣超出了自己生存需求的物种。我们的夙愿是，这本书有朝一日能与其他读物一同被随意地丢弃在火星航站楼到达大厅的石墨烯桌子上。

“火星探路者号”是美国航天局火星探测任务非常重要的第一步。这项1997年的任务还携带了第一台成功登陆火星的探测器“旅居者号”，又称“索杰纳”，它本计划在火星执行7天的任务，探测火星地形，获取图像，测量化学、大气信息等，但实际工作长达83天

布莱恩·考克斯的故事

本周主题：
“魅力夸克王子”

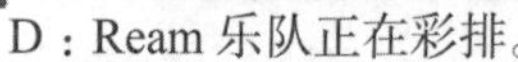

下周预告“木琴决战”——布莱恩与帕特里克 · 摩尔通过木琴竞争解释黑洞的“拉面效应”。

注释：

[1] 海鞘是尾索动物亚门海鞘纲的低等脊椎动物。海鞘的形状有的像茄子，有的像茶壶，有的像马铃薯，栖于沿岸的种类以动植物残屑为食，深水种类主要以浮游生物为食。幼体类似蝌蚪，拥有复杂的神经系统，但成体却变得更加简单，由于不再需要大脑和神经系统，成年海鞘会将自己的大脑吃掉。

[2]《观察与学习》(*look and learn*)，英国 1962 年至 1982 年出版的著名儿童科普教育杂志，每周一期，每年还有年刊。

[3]《六百万美元先生》(*The Six Million Dollar Man*)，美国科幻与动作片，讲述了一位前宇航员史蒂夫 • 奥斯汀上校（Colonel Steve Austin）由于仿生植入拥有超能力，并被一个虚构的美国政府机构 OSI 招入担任秘密探员。该剧于 1973 年在美国广播公司（ABC）首播，成为 20 世纪 70 年代风靡北美的时尚元素。

[4]《克拉克的幻想世界》(*Arthur C. Clarke's Mysterious World*)，是 A.C. 克拉克撰写的科幻作品，由美国 A&W 出版社于 1980 年出版，1981 年改编为系列电视剧。A.C. 克拉克是迄今为止最著名的科幻作家和科普作家，同时也是一名真正的科学家（被誉为“国际通信卫星的奠基人”）。A.C. 克拉克一生出版了 90 余部优秀的科幻和科普著作，行销 5000 万册以上。克拉克文笔优美，作品内容翔实，对未来世界做出过很多精准的预测，为世界科幻事业的发展做出了极为重要的贡献。最负盛名的作品是写于 1968 年的《2001：太空奥德赛》，作品场面宏大，气势雄伟，展现出人类的过去、现在以及可能的未来，成为整个科幻界的经典之作。

[5]《太空 1999》(*Space*: 1999）是英国和意大利联合制作的科幻电视节目，从 1975 年开始播出，总共两季。故事设定在 1999 年，储存在月球背面的核废料突然发生爆炸，巨大的震动将月球推离本来的轨道，居住在月球阿尔法基地的 311 位居民也因此失控飞往太空。

[6] 范吉利斯（Vangelis）本名 Evangelos Odyssey Papathanassiou，1943 年 3 月 29 日出生于希腊，是一个音乐天才，集创作、演奏和音乐制作于一身，开创了电子音乐与电影配乐的崭新前景，奠定了所谓未来太空音乐的基础，被人们称为现代的理查德 • 瓦格纳。

[7] 独角兽是电影《银翼杀手》中男主角戴克的白日梦中出现的意象。

[8]《明日世界》(*Tomorrow's World*)是英国广播公司于1965年推出的科普节目，在20世纪70年代，取得了每周 1000 万人次收看的骄人纪录。

[9] 凯特· 贝林厄姆（Kate Bellingham)，BBC 广播电台的工程师，1990—1994 年加入《明日世界》节目组。

[10] 指 1970 年上映的一部电影。

[11]《生命的进化》是 BBC 拍摄的系列纪录片，首播于 1979 年，它开始了电视节目的一个新时代，对观众产生了持久的影响。

[12] 这是有史以来最著名的所谓“捕捉”到大脚怪的一段影片，后来被证明是一个骗局。其实是帕特森的好朋友身着猿类服装假扮大脚怪在树林里快步行走。

[13] 1999 年上映的影片，由丹尼尔 • 麦里克、艾德亚多 • 桑奇兹导演，讲述布莱尔小镇上长久以来流传着关于杀害孩子的女巫布莱尔的传说。1994 年 10 月，电影学院的三个学生前往马里兰州的布莱尔小镇，拍摄一部关于女巫布莱尔的纪录片，然而在拍摄过程中三人全部失踪。一年以后，人们发现了他们留下的电影胶片，记录了他们失踪前发生的一切。

第二节 问题

为什么节目名字叫《无限猴笼》?

曾经有人建议我们给节目起名为《顶尖极客》。我们决定从那个点子出发,想尽办法找到一个合适的名字。《顶尖极客》最初的想法是做一个科学秀,让布莱恩穿着紧身牛仔裤启动粒子加速器，随之进入到弗洛伊德所说的过度亢奋的状态。

我坐在列文舒尔梅的房间里，面前摆放着A4便笺，绞尽脑汁写下各种具有宇宙学和戏剧学双重特点的双关语,尽可能避免理查德·哈蒙德(Richard Hammond)的命运。[1]

从“费马倒数第二定理”到“爱因斯坦摇摆舞”，再到“宇宙旁白”，一长串糟糕的名字。有时候写下来只不过是为了把所有可能都摆开，其中也包括一些很可怕的名字，怪只怪大脑没能提供给你更好的选择。

在我看来，没有起什么“普朗克化的普朗克”“明星质能方程式”“蛋奶冻π”这些奇怪的名字，就算是幸运的了。事实上，我很早就想到了“无限猴笼”这个名字。萨沙还建议我们在名字前加上定冠词“the”，以体现出那是个专指的名称——这是非常有用的一种套路，让我们在这个充满不确定的宇宙中（比方说由所谓弦力支撑起来的浩渺的空间）找到一种合理的方式让存在变得更加明确。

我喜欢思考无穷大的问题。
我也讨厌去想无穷大的问题。
“无穷”给我带来了宇宙学眩晕症。

显然，这是19世纪后期所引发的不安。地球不再是宇宙的中心，达尔文揭示出我们是黑猩猩的近亲，先进的技术突飞猛进……这一切都让人感到眩晕。于是，这也成为法国后印象派画家保罗·高更（Paul Gauguin）前往南太平洋塔希提岛的原因之一，在那里，他像当地的原住民妇女一样，在大部分时间里赤足裸身。

我已经想不起来具体最早什么时候搞明白无穷问题的，过去每次想到这个问题都让我有些摇摆不定。我会想象宇宙将永远存在，我会想象坐在自己铅笔画的宇宙飞船里沿着一条直线行进，永远都到不了尽头。

最终，宇宙大爆炸理论拯救了我，它体现了无穷大的观点。至少，你可以尽情地想象我们的宇宙，它大得不可思议。

不过后来我也听说即便是大爆炸理论，宇宙也被认为拥有无限大的尺度，含有无限可能。我一边看着公共巴士穿梭于列文舒尔梅街头，一边思考着这个问题，我突然想到了《麦克白》《泰特斯·安德洛尼克斯》《五十度灰》[2]等作品都是由一帮猴子写就的，还有BBC1台的节目《迪莉娅·史密斯教烹饪》、从东杜尔维奇到国王十字火车站的63路公共汽车时刻表以及罗恩·哈伯德[3]（L.Ron Hubbard）的全部作品，都是如此。我也经常被人告知无限多只猴子能敲击出莎士比亚全集。[4]但是一个快活而热情的数学家提醒我，它们不只会写出莎士比亚全集，它们还会写出弥尔顿[5]、但丁[6]、乔叟[7]、娥苏拉·勒瑰恩[8]的作品，还包括公元2000年每一期的《读者文摘》以及米尔斯-布恩出版社（Mills & Boon）的所有书目。

我又开始摇摆不定了。
这个无限的概念真的非常大。

于是我想到，可以用一个足够大的笼子把无限多的猴子装到里面——不得不思考这还算不算一个笼子——我只是用一种圆滑的方式来表述宇宙的广阔。至少我们希望这档新的节目能花费些时间（假如时间是存在的）涵盖已知宇宙中的一切事物，这算是一个略带神秘的题目。

我很早就想到了“无限猴笼”这个名字。萨沙还建议我们在前面加上定冠词“the”，以体现出那是个专指的名称——这是非常有用的一种套路，让我们在这个充满不确定的宇宙中（比方说由所谓弦力支撑起来的浩渺的空间）找到一种合理的方式让存在变得更加明确。

FIVE MONTHS OLD AND THE POSSESSOR OF SIX TEETH: JUBILEE, THE BABY CHIMPANZEE BORN AT THE "ZOO," BEGINNING TO WALK.

CARES OF MOTHERHOOD: BOO-BOO SCRATCHES HER FOREHEAD WITH AN AIR OF ANXIETY, WHILE JUBILEE LENDS AN EAR TO MATERNAL ADVICE.

"TEACHING THE YOUNG IDEA": BOO-BOO, THE MOTHER CHIMPANZEE, WITH RAISED ARM, SEEMS TO BE URGING JUBILEE TO ASSUME AN UPRIGHT POSITION.

"I'M DOING MY BEST, YOU KNOW": JUBILEE, WITH HER MOUTH OPEN, WEARS A COMICAL EXPRESSION, AND APPEARS TO BE VOICING A GRIEVANCE.

SHE "BRINGS HER BABE AND MAKES HER BOAST": BOO-BOO APPARENTLY EXPATIATING ON THE BEAUTY AND CLEVERNESS OF HER LITTLE DAUGHTER.

“无限猴笼”前是否要加“the”？这倒是个有趣的话题。我们假设猴笼就是我们的宇宙，那么一系列宇宙学的警示就摆在我们面前了。首先，我们并不知道宇宙是否无限，我们只能说宇宙比我们所能看得见的范围大得多。我们看得见的部分被称为“可观宇宙”，现在认为这个范围里包含着 2 万亿个星系；如果给猴子用的话，这显然不是一个无限大的领地，但肯定是相当宽敞的。然而，我们可观测的星系数量在下降，原因在于我们居住在一个正在膨胀的宇宙。随着空间的拉伸，星系之间的距离将无法被引力束缚。在几百亿年以后，绝大多数我们今天所能看见的星系的距离已经大大增加，以至于未来它们所发出的光无法再到达我们这儿。反过来，我们也不可能到达那里。它们的影像会逐渐变暗变红，直到不可见。在遥远的未来，我们通过望远镜所看到的宇宙将只包含整个本星系群，仅仅 50 个左右的星系，它们可能也已经合并为一个超级大星系。除此以外，宇宙只剩下黑暗。除非遥远的过去的教材能够保存下来，要不然将来的宇宙学家会发现根本无法想象视界以外的宇宙，甚至说根本没有丝毫迹象表明有某个东西存在。笼子可接触的部分将只有一个单独的星系，周围则包裹着无边无际的虚无空间。

其次的问题是，有没有不止一个无限的笼子。看上去好像只能容下一个，但这并不是必然的情况。后面的章节中会谈到希尔伯特酒店（第 48 页），你会发现无限是个棘手的话题。有一个宇宙学理论被称为“永恒的膨胀”，它引发了一个暴胀的多重宇宙的概念。无限大的宇宙海洋中有一个个“泡泡宇宙”，每一个都可能遵循不同的低能量的自然规律，而我们的宇宙或许只是其中的一个。这些宇宙里，有些可能有猴子，有些可能没有。从语法上讲，如果我们所生活的现实真的只是无限膨胀的多元宇宙中的一个，那么在提到我们这个特定的猴笼时，定冠词“the”就变得很有必要了，不会被认为是可能存在的无限个猴笼。

从第一期节目开始，我们就开始收到听众的邮件和信函，纷纷猜测一个无限的关着猴子的笼子究竟是何含义。我们还收到一封最严厉的投诉信，来自一位愤怒的动物权益保护人士，他是这样写的：“BBC 又在为他们虐待动物和活

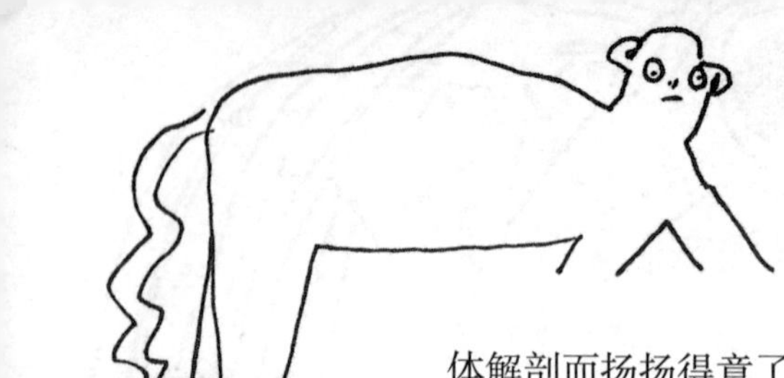

体解剖而扬扬得意了。是谁花费大把的时间去设想将一大群猴子塞进一个笼子里？”我们回信解释一个无限的猴笼是非常非常宽敞的。我们也没收到反馈。直到第三周，我们又收到投诉信件，说这档节目是又一个傲慢自大的表演，自认为通过所谓的证据来证明一些东西，而且名字本身就是骗人的。

最近一项实验已经证明，所谓无数只猴子能够敲打出莎士比亚作品集的想法是毫无意义的。

这的确曾是激动人心的消息。是不是有个特立独行的科学家已经抓到了无穷多只猴子？如果是真的，我们一定会听说的，因为想要偷偷摸摸地藏住无数只猴子是非常困难的，它们一定会非常吵闹，臭气熏天。很遗憾，在佩恩顿动物园里所进行的试验规模小了一些——只有一台打字机和6只猴子。一个月以后，它们把打字机给毁了，并在里面留下了一坨便便，至于《泰特斯·安德洛尼克斯》，连影子都没有。我们试图做出解释，6只猴子无论如何都是不够的，这个数字与无穷大相差甚远，因此无济于事。报道这个事件的记者仍然坚信这是一个不断累积的过程：

10只猴子＝香蕉的食品安全宣传页
100只猴子＝《GQ》杂志[9]有关男士须后水的文章
1000只猴子＝《五十度灰》（长尾猴版）

这个报道也会渐渐被遗忘，就好比当我们需要新的内存空间时，邮件或存档或被销毁，那些抱怨者的愤怒也会从邮件存储器中渐渐消失。

注释：

［1］2015 年 BBC 的汽车主题节目 *Top Gear* 主持人杰里米·克拉克森（Jeremy Clarkson）、理查德·哈蒙德和詹姆斯·梅（James May）决定离开并开设新的节目，但是他们一直为新节目的名字犯愁。

［2］《五十度灰》（*Fifty Shades of Grey*）是环球影业出品的一部爱情片，改编自英国女作家 EL•詹姆丝所写的同名小说。

［3］罗恩•哈伯德（L．Ron Hubbard）是美国著名科幻小说家，在半个多世纪的创作生涯中，他写出了 100 多部长篇及中篇小说，200 多篇短篇小说，总发行量超过 4500 万册。

［4］无限猴子定理出自 E. 波莱尔 1909 年出版的一本有关概率的书籍。相关内容的本意是指出柯尔莫哥洛夫"零一律"的一个例子。"零一律"指有些事件发生的概率不是几乎为一（几乎发生），就是几乎为零（几乎不发生）。该定理更加通俗的表述是：无限只猴子用无限的时间一定会产生任意指定的文章，当然也包括莎士比亚全集。

［5］约翰•弥尔顿（John Milton），英国诗人、政论家、民主斗士，是英国文学史上伟大的六大诗人之一。代表作品有《快乐的人》《幽思的人》《为英国人民声辩》，长诗《失乐园》《复乐园》和《力士参孙》等。

［6］但丁•阿利基耶里（Dante Alighieri），13 世纪末意大利诗人，现代意大利语的奠基者，欧洲文艺复兴时代的开拓人物之一，他被认为是西方最杰出的诗人之一。其代表作有《神曲》《新生》《飨宴》等，其中最负盛名的当属长诗《神曲》（原名《喜剧》），分为《地狱》《炼狱》《天堂》三部分。

［7］杰佛利•乔叟（Geoffrey Chaucer），英国代表作家，现实主义文学的奠基者，是第一个突出地运用独白来塑造人物的作家。代表作有《坎特伯雷故事》《公爵夫人之书》《百鸟议会》等。他讽刺腐朽的世俗统治阶级，对濒于衰亡的封建制度进行了无情的揭露和批判，也大胆揭露了新兴资本主义的罪恶。

［8］娥苏拉•勒瑰恩（Ursula K. Le Guin），美国重要的科幻、奇幻及女性主义与青少年儿童作家，著有 20 余部小说以及多部诗集、散文集、文学评论、童书等，所获文学奖与荣誉不计其数。最重要的作品是奇幻小说《地海传说》系列。她深受老子与人类学影响，作品常蕴含道家思想，写作手法流露民族志风格，曾与人合译《道德经》。

［9］《GQ》杂志是 2009 年康泰纳仕主办的杂志，内容着重于男性的时尚、风格、文化，也包括有关美食、电影、健身、音乐、旅游、运动、科技、书籍等的文章。

第三节　无限

无限问题总让我有挠头皮的冲动，就像是一种皮疹。我很害怕无限，因为它比我的大脑大得多。

——卡洛斯·弗兰克教授（Carlos Frenk），第 10 季第 5 期（2014 年 8 月 5 日）

首先，我们必须说服自己无限的概念是有意义的。思考一下把无限个数字加在一起：

$$1/2 + 1/4 + 1/8 + 1/16 + 1/32 + 1/64 + \cdots$$

这叫等比数列求和。一开始，你可能会猜想，无限多个数字一个接一个持续加下去，一定会得到一个无穷大的数字，然而这种想法有点想当然了。对上述这个特定的序列，最后加起来的结果是 1。你可以使用一个简单的代数方法来求解。让我们用 S 代表这组数列的和：

$$S = 1/2 + 1/4 + 1/8 + 1/16 + 1/32 + 1/64 + \cdots$$

现在我们再思考一个不同的数列求和，形式上与原来的一样，只不过把每一项除以 2：

$$S/2 = 1/4 + 1/8 + 1/16 + 1/32 + 1/64 + \cdots$$

然后把 S 减去 S/2，于是除了 S 中的第一项以外，其他项都会被消去：

$$S - S/2 = 1/2$$

$$\therefore S/2 = 1/2$$

$$\therefore S = 1$$

看来，把无限多个数字加在一起还是可以进行运算的，至少在这两个例子里，我们得到了有限的数字。

这是一种无限的形式，即分母部分是无限的序列，1/2，1/4，1/8 等。这样的分数有多少？无限多个，并且在我们的证明中以此作为假设。而在无限序列 S 中，除 1/2 外的每一项分数都能在无限序列 S/2 中找到对应的数字，因此就有办法消去它们。但是这也引发了一个有趣的问题：我们使用无限多个分数减去无限多个分数，结果却得到了一个分数 1/2，这是否意味着 S 序列中分数的个数比 S/2 序列中多一个呢？答案是“不”，两个无限序列严格地说是一样的。第一个真正对我们所谈论的无限问题进行思考的数学家是 19 世纪末的德国人格奥尔格·康托尔（Georg Cantor）。

再举个例子，思考这样一个正整数的序列：1，2，3，4，… 我们可以想象做成一张整数表，把所有这些数字写到一列中，从 1 写到无穷大。然后，我们可以将数列求和算式 S 中的数写到相邻的一列中，1/2，1/4，1/8，… 每一个分数都可以与前面的整数组成一对，一直往下写。我们也可以按照这种方法写下数列求和算式 S/2 中的数，这一组数字将从 1/4 开始而不是 1/2，不过，相同的是，它们都会包含无穷多个数字，表格中三列数字存在一一对应的关系，因此康托尔指出，三组数列都拥有相同的“无穷多”个数字。用数学家的语言讲起来就是三组集合具有相同的基数。

显然，这些无限的集合有些奇怪，它们的表现与我们想象的有些不同。比方说，我们注意到 S/2 列是 S 列的一个子集，因为 S 列包含了 S/2 列的每一项，但它还包含了 1/2，然而 S 列和 S/2 列又具有相同的规模！无限集合的反直觉性引发了《无限猴笼》节目里布莱恩和喜剧制片人约翰·劳埃德（John Lloyd）的一次大辩论——希尔伯特大酒店悖论。

约翰：无穷大加 1 只是一个脑筋急转弯罢了，我看不到任何有用的地方。“无穷”只是一个词，它属于我和罗宾这样啰唆的人。关键是，你无法在无穷之上

再赋予一个数值，不能加上一个 1，也不能减去一个 1。

布莱恩： 要么有无限多数字，要么就是有限的数字。我没发现有什么问题。

约翰： 不存在无限多个数字的，因为你总能得到比无限多个数字更多的数字，所以无限是个没有意义的概念。

第 9 季第 4 期（2013 年 12 月 9 日）

假定希尔伯特大酒店有无限多个房间，并且它们都被占用了，如果突然又来了一位客人，那么怎么办呢？住在 1 号房间的客人可以搬去 2 号房间，2 号房间的客人可以搬去 3 号房间，以此类推，这样 1 号房间就能腾出来给新到店的客人。由于希尔伯特大酒店有无限多个房间，即便所有房间都被占用了，也总是有办法再腾出一间房。我们并没有将酒店扩容，却又可以成功地为新来的客人安排住处。根据上述语言描述，我们可以说希尔伯特大酒店客房集合的基数与客人集合的基数相同。注意，这就意味着我们可以安排无限多额外的新客人入住希尔伯特大酒店，即便酒店已经满了。还请注意，我们还可以让 1 号房间的客人搬到 2 号房间，2 号房间的客人搬到 4 号房间，3 号房间的客人搬到 6 号房间，以此类推，这样做就能够腾出所有奇数号码的房间。既然我们又有了无数个奇数，那么酒店现在又可以接待无限多位新顾客了。造成这种奇怪状态的原因是奇数房间的数量并不小于奇数房间 + 偶数房间，这两个集合拥有相同的基数。

另一方面，还存在整数集合基数不同的情况。举个例子，无限的二进制数集合：0000000000…，1111111111…，0101010101… 康托尔想象着将这些数字放到一个竖直的表格中，就跟我们前面放置数列求和算式 S 和 S/2 中的数字一样。现在，我们从上到下改变对角线数位上的数字，1 变成 0，0 变成 1（如第 49 页图中所示），由此构建了一个新的二进制数列。这个新的数列并不在表格中，它与第一行的二进制数不同，因为第一位数字已经更改，第二行的二进

制数也不同，因为第二位数字也已经变化，下面的几行数字也是这种情况。由于至少有一个数位不同，因此原来数列中的每一行数字都与新的数列不同。康托尔提出，1 和 0 组成的无限数列比整数数列更多。数学家认为无限的二进制数列集合比整数集合拥有更大的基数。

$$
\begin{aligned}
s_1 &= \mathbf{0}0000000000 \cdots \\
s_2 &= 1\mathbf{1}111111111 \cdots \\
s_3 &= 01\mathbf{0}10101010 \cdots \\
s_4 &= 101\mathbf{0}1010101 \cdots \\
s_5 &= 1101\mathbf{0}110101 \cdots \\
s_6 &= 00110\mathbf{1}10110 \cdots \\
s_7 &= 100010\mathbf{0}0100 \cdots \\
s_8 &= 0011001\mathbf{1}001 \cdots \\
s_9 &= 11001100\mathbf{1}10 \cdots \\
s_{10} &= 110111001\mathbf{0}1 \cdots \\
s_{11} &= 1101010010\mathbf{0} \cdots \\
. \quad & \quad . \; . \; . \; . \; . \; . \; . \; . \; . \; . \; . \\
. \quad & \quad . \; . \; . \; . \; . \; . \; . \; . \; . \; . \; . \\
. \quad & \quad . \; . \; . \; . \; . \; . \; . \; . \; . \; . \; . \\
S_n &= 10111010011 \cdots
\end{aligned}
$$

无穷大存在于数学范畴，正如我们所见，有着各种各样的无穷数列。我们不禁要问，现实生活中到底有没有无限，答案是我们并不清楚。宇宙的尺度可能是无限的，也可能不是。我们所能观测的宇宙当然是有限的，宇宙学家称其为“可观宇宙”。我们所能见到的最远的天体，光线穿行了 138 亿年，这也等价于宇宙的年龄。你可能想说可观宇宙的直径是 276 亿光年，但这并不准确，因为此时此刻宇宙正在膨胀，天体正在离我们远去。由于我们知道宇宙的膨胀速率，因此我们可以计算出今天的可观宇宙到底有多大——直径超过 930 亿光年。

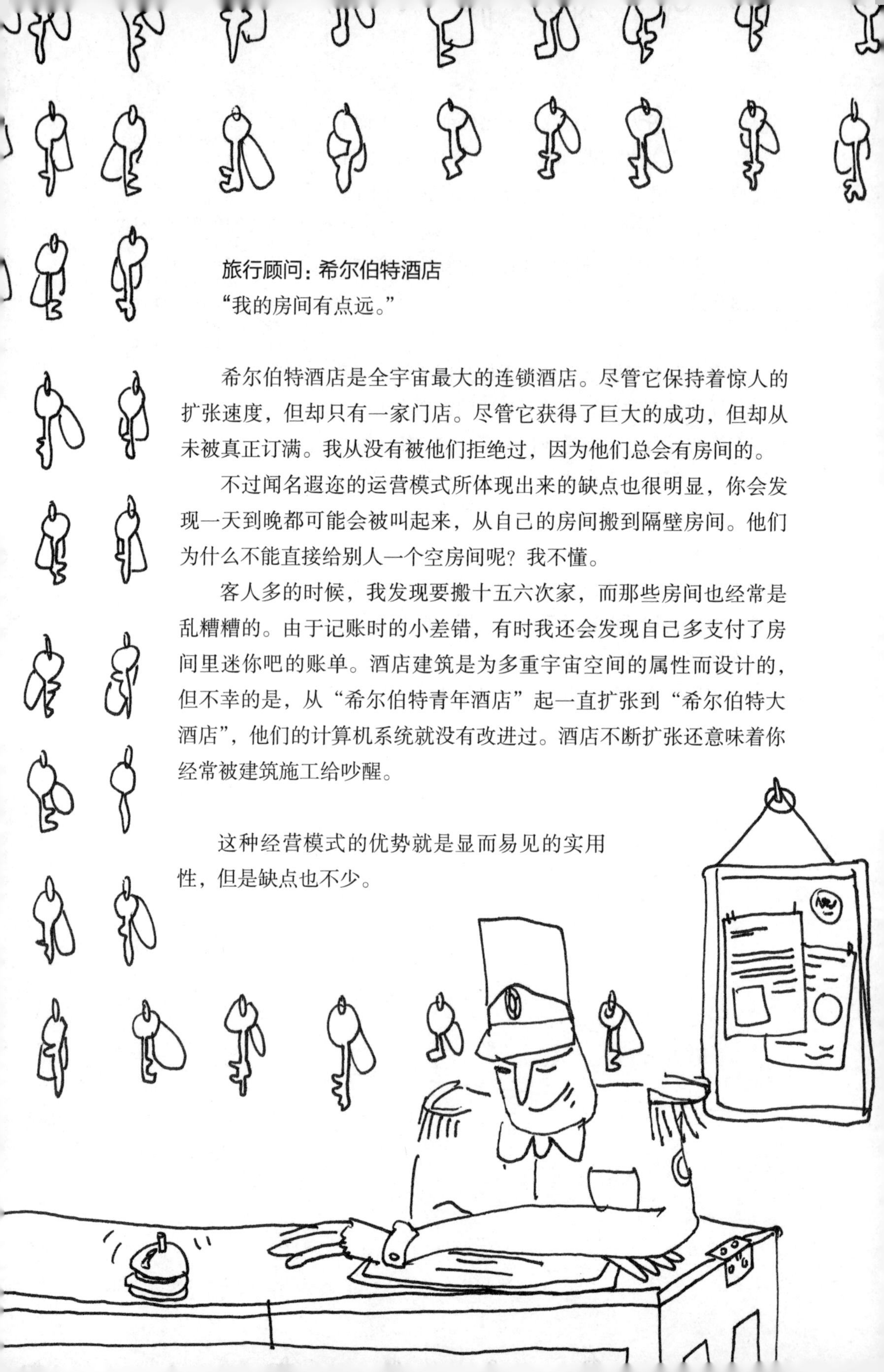

旅行顾问：希尔伯特酒店
“我的房间有点远。”

希尔伯特酒店是全宇宙最大的连锁酒店。尽管它保持着惊人的扩张速度，但却只有一家门店。尽管它获得了巨大的成功，但却从未被真正订满。我从没有被他们拒绝过，因为他们总会有房间的。

不过闻名遐迩的运营模式所体现出来的缺点也很明显，你会发现一天到晚都可能会被叫起来，从自己的房间搬到隔壁房间。他们为什么不能直接给别人一个空房间呢？我不懂。

客人多的时候，我发现要搬十五六次家，而那些房间也经常是乱糟糟的。由于记账时的小差错，有时我还会发现自己多支付了房间里迷你吧的账单。酒店建筑是为多重宇宙空间的属性而设计的，但不幸的是，从“希尔伯特青年酒店”起一直扩张到“希尔伯特大酒店”，他们的计算机系统就没有改进过。酒店不断扩张还意味着你经常被建筑施工给吵醒。

这种经营模式的优势就是显而易见的实用性，但是缺点也不少。

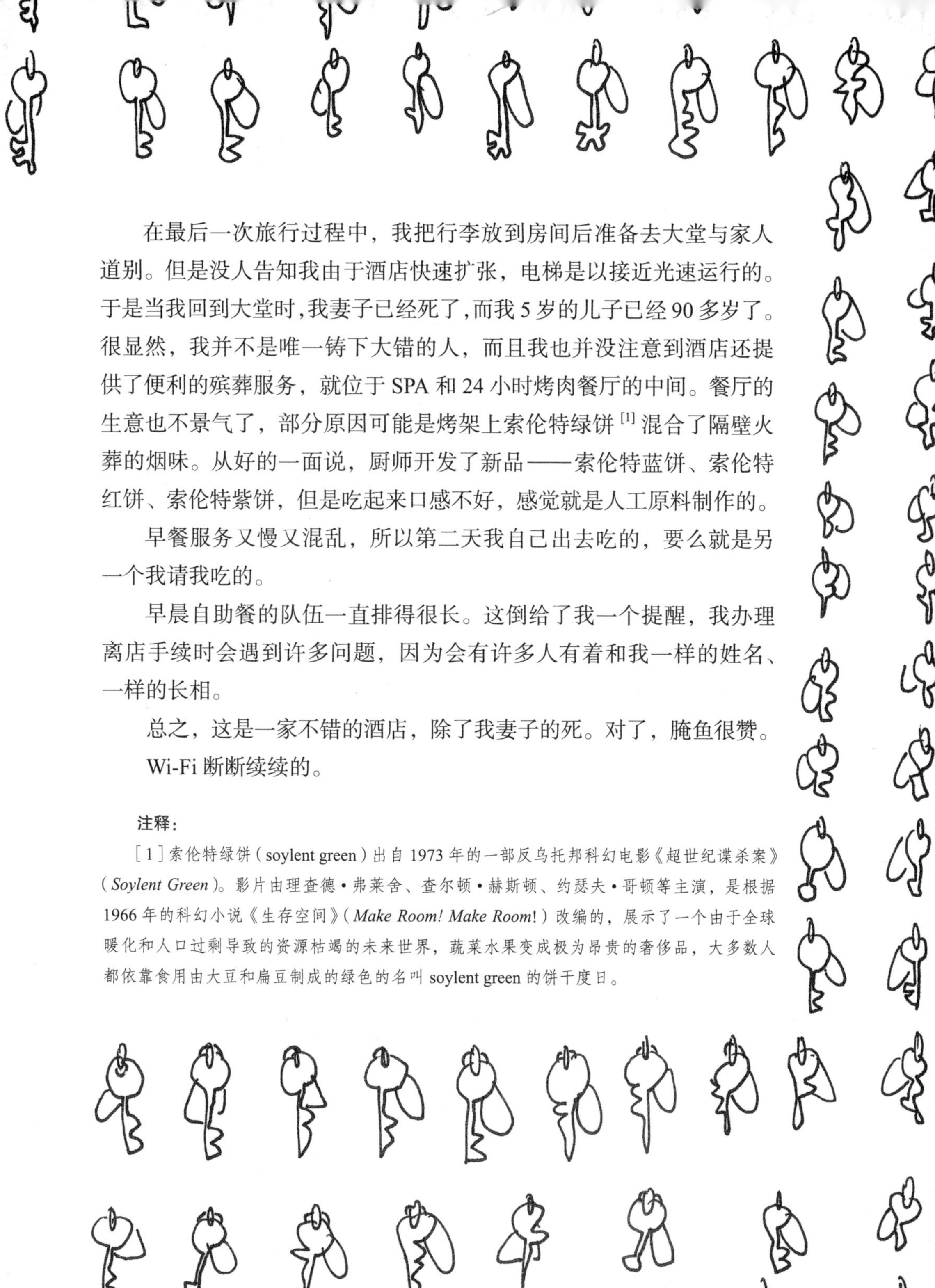

在最后一次旅行过程中，我把行李放到房间后准备去大堂与家人道别。但是没人告知我由于酒店快速扩张，电梯是以接近光速运行的。于是当我回到大堂时，我妻子已经死了，而我 5 岁的儿子已经 90 多岁了。很显然，我并不是唯一铸下大错的人，而且我也并没注意到酒店还提供了便利的殡葬服务，就位于 SPA 和 24 小时烤肉餐厅的中间。餐厅的生意也不景气了，部分原因可能是烤架上索伦特绿饼 [1] 混合了隔壁火葬的烟味。从好的一面说，厨师开发了新品——索伦特蓝饼、索伦特红饼、索伦特紫饼，但是吃起来口感不好，感觉就是人工原料制作的。

早餐服务又慢又混乱，所以第二天我自己出去吃的，要么就是另一个我请我吃的。

早晨自助餐的队伍一直排得很长。这倒给了我一个提醒，我办理离店手续时会遇到许多问题，因为会有许多人有着和我一样的姓名、一样的长相。

总之，这是一家不错的酒店，除了我妻子的死。对了，腌鱼很赞。

Wi-Fi 断断续续的。

注释：

[1] 索伦特绿饼（soylent green）出自 1973 年的一部反乌托邦科幻电影《超世纪谍杀案》（*Soylent Green*）。影片由理查德•弗莱舍、查尔顿•赫斯顿、约瑟夫•哥顿等主演，是根据 1966 年的科幻小说《生存空间》（*Make Room! Make Room!*）改编的，展示了一个由于全球暖化和人口过剩导致的资源枯竭的未来世界，蔬菜水果变成极为昂贵的奢侈品，大多数人都依靠食用由大豆和扁豆制成的绿色的名叫 soylent green 的饼干度日。

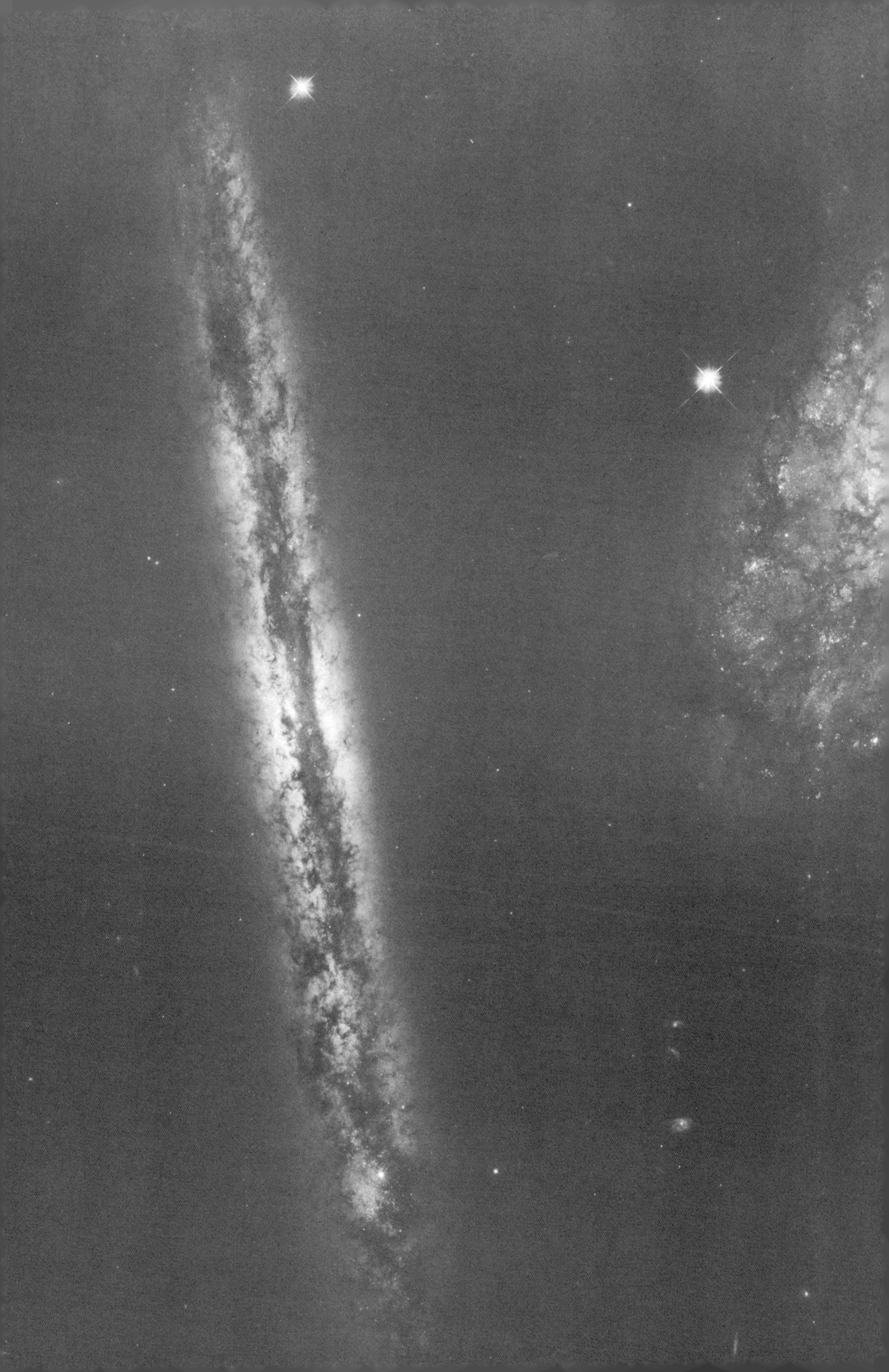

以地球为观测中心的可观宇宙中大约有 2 万亿个星系，但这也有可能只是整个猴笼中的一小部分，是不是无限大的笼子中一个有限的子集，这个问题悬而未决。

第二章

生命、死亡 & 草莓

第一节 死亡，你的布丁在哪里？

薛定谔的草莓改变了我的生活。死的，还是不死的——到现在还说不清楚。我只知道听了那期节目，一个奇异的水果给我和我的事业增添了新的活力。至于死亡，哦，妈呀……

——凯蒂·布兰德（Katy Brand）

在人类思想史中，有一些哲学问题成为经典。
我们能真正客观地体验一切吗？
为什么是有什么，而不是没什么？

一个草莓什么时候算死了？

出于某些原因，柏拉图也好，尼采也好，都无暇思考草莓的问题。疯子尼采跑到广场上大声宣布上帝已死[1]，但是他没提及草莓——那么李子呢？桃子呢？梅子呢？

考克斯教授仔细凝视着草莓。有一瞬间他走了神儿，想到亚原子粒子和霍金辐射的时候，他的大脑意外地想到了一个处在 μ 子和其他轻子水平上的草莓。

他的果酱是不是处于一种叠加的状态？薛定谔的果酱？

假如说真的有什么薛定谔的草莓酱的话，那是不是意味着我们还要研究一下普朗克的覆盆子、海森堡的枸杞浆果？市场上的园丁就不能在分子水平上看待他们的水果了，而应该在量子水平上重新审视。

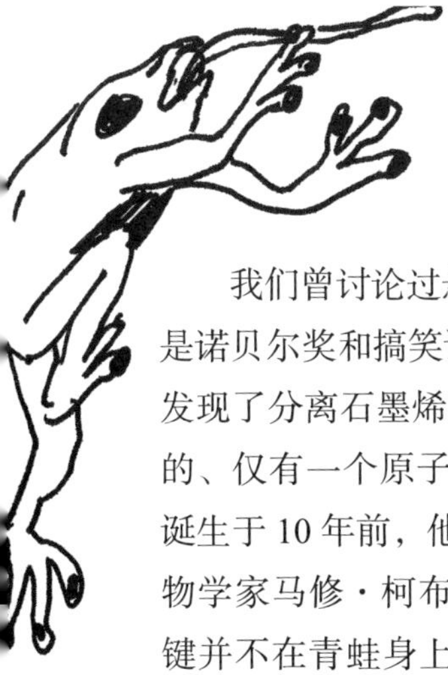

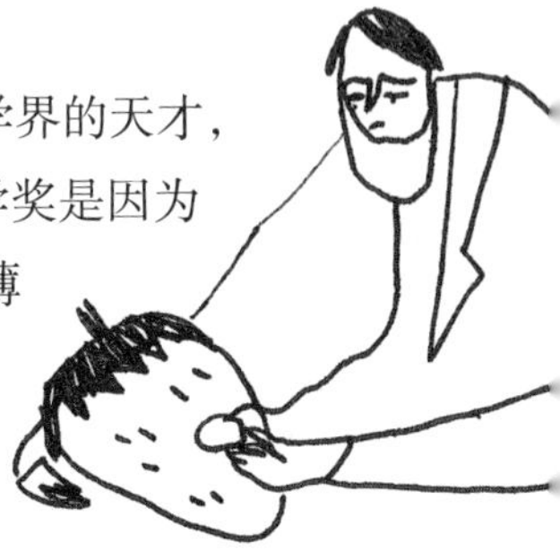

我们曾讨论过悬浮青蛙。安德烈·盖姆(Andre Geim)是科学界的天才，是诺贝尔奖和搞笑诺贝尔奖[2]双料得主。他获得诺贝尔物理学奖是因为发现了分离石墨烯原子层的方法，从而创造出目前世界上最薄的、仅有一个原子厚的石墨烯材料。盖姆的“青蛙悬浮术”诞生于10年前，他试图通过悬浮青蛙演示反磁力学[3]。生物学家马修·柯布（Matthew Cobb）解释了这个实验的关键并不在青蛙身上。尽管如此，他希望我们不要告诉青蛙，因为它们都很任性，尤其是箭毒蛙，它可不愿意接受任何批评。这个有关量子力学效应的实验，盖姆有时候也会使用水和“死亡的草莓”。

布莱恩竖起他那瓦肯星人[4]的耳朵，就像是一条德国牧羊犬。“如何确定一个草莓已经死了呢？”

我们或许会为一颗果实的死，以及为其筹备葬礼而忧郁。那问题是，哪个病理学家有这个资格确定一个草莓是否死亡呢？

相较于水果，宣布动物的死亡更加容易些，证据很简单：没有心跳，没有脑活动，停止进食，停止其他活动。尽管如此，这些现象未必能提供足够的确定性。

林蛙是木蛙的一种，具有“极强的抗冻能力”，它们在自身三分之二的水分被冻结的情况下会停止呼吸和心跳，但是依然能够存活数日之久。

可见，生命是很难定义的。每当你认为自己得到了一个简洁清晰的定义时，一些哲学家就会跳出来发话：“啊，这不也符合火的属性吗？”随后你重新给一个定义，他们又会说：“啊，但是水晶不也是这样吗？”最终，恐怕你会放弃给生命下定义，而是等着去接受一种定义。

死亡必须更容易被定义。

无论是变形虫，还是草莓，或是物理学家，不管在哪个尺度上，生与死的问题都充分体现了生物的复杂性和定义生物“活着”的难度。

对物理学家来说，问题会变成“如何书写草莓的波函数”。根据法国物理学家、诺贝尔奖获得者路易斯·德布罗意的观点，草莓具有一定的波长。

对于草莓之“死”的定义会变得很模糊。英国生物学家尼克·莱恩（Nick Lane）认为，用最简单的话说，如果它不再继续通过消耗能量维持生命，那就意味着它已经死了。消耗能量的能力似乎成为定义“生”的最有价值的依据。

尼克·莱恩教授：我们需要大量的能量才能生存……如果你把一个塑料袋套在自己头上，你将在1分半钟后死亡。

布莱恩：不过，我可以把草莓从超市带回家，全程都装在塑料袋里。

罗宾：我可以揭发他并没有从超市带草莓回来，而是叫手下的人把草莓带回来的……

第8季第1期（2013年1月24日）

那么你是如何谋杀一个草莓的?

不管是煮沸还是冷冻，你要防止的是草莓种子发芽。不过你在抑制草莓某种能力的同时，可能也在提升别的能力。如果你有机会成为一个抹在著名的托尔坎镇烤饼上的死草莓，那么谁还愿意做一个不知名的活草莓呢?对一个草莓、一只青蛙或是一个人来说，生命相对于死亡来说更关键的一点在于，你是否还有潜在的能力。这一页献给那些为我们死去的草莓，你们用死亡换来了美味。

布莱恩做出回应……

我们凭直觉给草莓起了名字，实际上是错误的。草莓不同于浆果，这种红色水果是茎的一部分（花托），草莓的花长在茎上。我们通常所说的种子——草莓表面的麻子——其实并不是种子，而是子房，真正的种子长在里面。所以，草莓到底是活着还是死了呢?

我最早在《无限猴笼》第一季中就抛出过草莓之死的问题。曼彻斯特大学的马修·柯布教授回答道:“一旦你摘了草莓，它就死了。它腐烂时会提升含糖量，这是它之所以那么甜的原因，但是从本质上说它已经死了。”这对一枚浆果来说是完全正确的，因为它是植物的一部分，一旦和植株失去连接，它就会逐渐腐烂。植物从太阳那里获得有序的能量进行光合作用以维持自身结构，剩下的就交给热力学第二定律了，而草莓则没有这个需求。

热力学第二定律可以说是我们目前唯一掌握的自然法则，或者换句话说，物理学家相信它是绝对正确的。量子力学和广义相对论或许有朝一日会被重新定义或被彻底取代，但是热力学第二定律一定会屹立不倒。它这样描述:随着时间的推移，一个孤立的系统会变得越来越混乱。用简单通俗的一句话说就是:事情只会变得越来越糟。

如果一个茶杯掉在地上，它会摔成碎片，但是我们不可能看到这些碎片自动地聚拢组合成一个茶杯，尽管物理定律中并没有规定组成茶杯结构的分子不能这样做。关键原因在于，重新组合分子的路径有许许多多，它们可以在地板上形成一堆一堆的样子，并不一定组合成杯子的形状。那么多分子的任何一种可能的排列方式都是等价的，因此“杯子”的样子也成为一种不确定的分子排列方式。

而生物似乎与这条定律背道而驰。草莓是宇宙中我们已知的最复杂的事物之一，乍看上去很难看出它是如何遵循热力学第二定律的。这个话题已经演变成了众所周知的薛定谔佯谬。解决这个佯谬的办法相对来说算是直截了当的。草莓并不是一个孤立的系统：草莓与活着的植株相连时，构成了一个完整的系统，这个系统还包括太阳的热以及植物周围空间的冷。太阳是高能光子的来源，当阳光照射在叶子上，植物吸收这些光子，并利用它们的能量通过光合作用将二氧化碳和水转化成糖和氧气。糖分子比二氧化碳和水复杂许多，原子被重新排列为一个更有序的结构，就好比我们前面所说的茶杯。然而，事情并没有那么简单。植物也会向四周散发热量，也就是说会向更冷的地方辐射热量。热量也是一种光，只不过它们比太阳光的能量更低，数量更多。热量是能量的一种高度混乱的形式，当上述要素都具备的时候，热量就会产生了；同时，随着草莓内部糖和其他复杂结构的生成，热量又能得到有序的补充。我们甚至可以这样说，草莓的存在增加了宇宙混乱的程度，并加速了能量供给者的死亡——它从太阳那里获得了“有序”，但却给宇宙其他地方增加了“无序”。

有序的太阳能与寒冷的空间之间存在能量落差，一旦草莓的新陈代谢戛然而止，它就不再是位于其中的一台小型能量转换机器了。热力学第二定律再次发挥作用。结论是草莓死了。

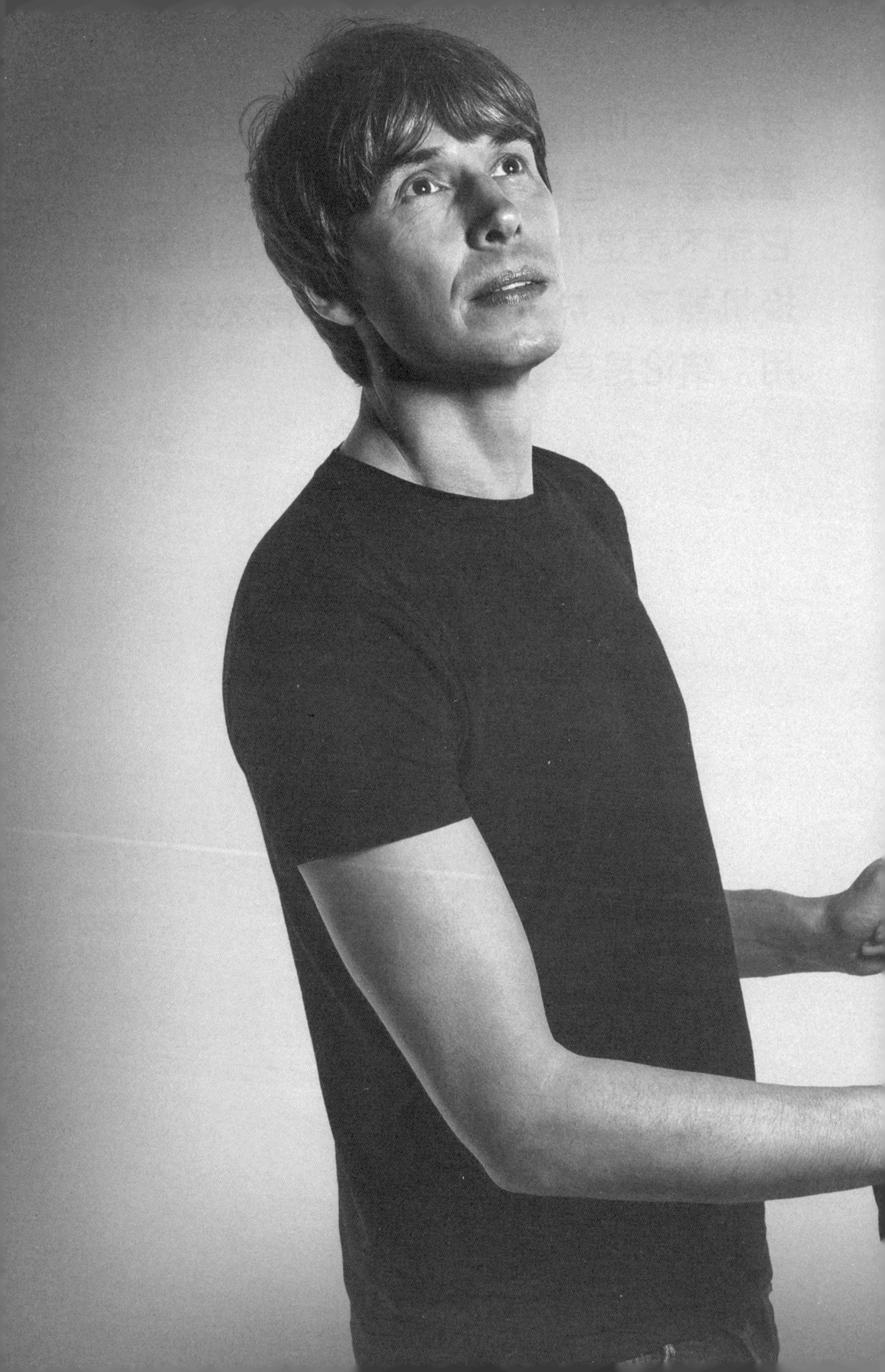

草莓的子房附着在草莓表面，子房里的种子却是不同的情况。如果种子还能发芽，那我们说它们还活着。而种子可以休眠很长一段时间，甚至长达数十年之久，植物王国里休眠的例子比比皆是。草莓的种子所表现出的休眠状态称作物理性休眠，是指种子的外表皮不会渗水，能够防止胚胎发芽——发芽被定义为从种子上萌发出幼苗。草莓被动物吃下去后，种子通过动物的消化道，外表皮被破坏，于是种子就具有渗水性了，这就开启了发芽的进程。其他某些植物的种子，在经历冻结、解冻、烘干甚至是火烤等温度变化过程时，外表皮也会遭到破坏。这种所谓延迟发芽在生物演化中的优势是显而易见的，例如延迟到热带地区雨季来临时才发芽。此外，通过等待动物消费来实现传播也可以被看作一种选择优势。然而，关于动物休眠的功能是如何进化而成的，目前还在研究中。

有些种子表现出一种不同的休眠方式，通过一些抑制性化学物质来阻止胚的发芽，这被称为生理休眠。所有的裸子植物都具有生理休眠的特征，针叶植物是其中最常见的一类。与物理休眠不同，生理休眠是可逆的。

于是有关草莓死亡的定义就变得不可靠了，这取决于你是指草莓果实（注意，不是浆果）还是它里面的种子。伦敦大学学院的尼克·莱恩教授认为，最简单的说法是，如果草莓不能持续利用能量维持生存，那么它就死了。而种子还能继续新陈代谢，即使进行得非常缓慢，与此同时，它们还会休眠。因此，除非种子的新陈代谢完全停止，否则只能认为它们还活着。

布莱恩指出，我们对“草莓困境”的认识或许可以用量子理论解释得更深入些，从而产生有关“薛定谔的草莓”的讨论。

罗宾：我告诉你，我们把一个草莓装入盒子，我们不观察它的时候，可能会是两种状态并存 。

凯蒂：我喜欢“薛定谔的草莓”这个想法。

罗宾：温网的历史[5]看来要改写了。

布莱恩：我在考虑你会如何书写一个草莓的波函数。

罗宾：你说你什么时候不在思考波函数？
第 7 季第 2 集（2012 年 11 月 26 日）

不妨这样思考，将一颗草莓放置在一个密封的盒子里，盒子里有一枚小型核弹，足以摧毁草莓，但无法破坏盒子，核弹通过一个放射性原子核的衰变来触发。量子理论让我们能够计算出盒子封闭后一定时间内会置草莓于死地的放射性原子核衰变的概率。

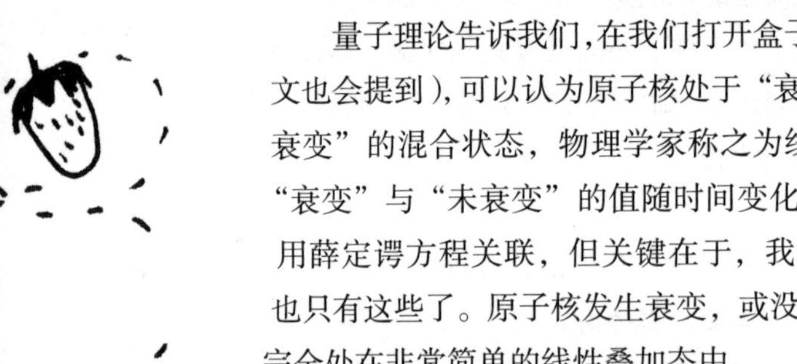

量子理论告诉我们，在我们打开盒子观察前（后文也会提到），可以认为原子核处于“衰变”和“未衰变”的混合状态，物理学家称之为线性叠加态。“衰变”与“未衰变”的值随时间变化，两者可以用薛定谔方程关联，但关键在于，我们所能做的也只有这些了。原子核发生衰变，或没有衰变——完全处在非常简单的线性叠加态中。

由于原子核是否衰变决定了草莓的命运，因此我们也可以说，在盒子被打开前，草莓处在生与死的线性叠加态中，就与原子核一样。根据这个思路，一位物理学家写下了如下形式的方程：

$$|\text{🍓}(t)\rangle = a(t)\,|\text{🍓 生}\rangle + b(t)\,|\text{🍓 死}\rangle$$

对这样的描述，总绕不开两个问题。首先，我们要搞清楚通过“观察”来决定草莓的殒命。那么观察到底有什么特别之处，能将线性叠加态变成其中一种确定的状态呢？为什么草莓的体验不能作为判断原子核有无衰变的“观察依据”呢？要不我们把草莓换成罗宾·因斯，情况又当如何呢？在我们打开盒子前，他是否也会处于既生又死的线性叠加态呢？

其次，在这样一个思想实验中，草莓只能存在于生与死的混合状态的想法却与我们的现实直觉不相符；相反，我们是否完全可以确定，就算没有打开盒子，草莓也不会同时处在既生又死的状态之中呢？

量子理论有一种解释被称为“多世界诠释”或“平行宇宙理论”，该理论试图让这两种状态同时成立。这是对量子理论最简单的解释，它认为叠加状态从未被打破。打开盒子的一刹那就意味着我们进入了草莓和原子核的叠加态，或许可以这样说，有一个“世界”，在那里我们会看到一颗被汽化的草莓，而同时还存在另一个“世界”，在那里我们并没有观察到这种现象。但是这种表述容易让人产生误解。现实是所有可能性的叠加——那么这里就有一个有趣的问题了，为什么我们所体验到的现实只不过是各种可能性的一种组合呢？答案是：随着我们对草莓盒子施加了影响（观察），现实就被分割成两个“分支”。它们互不干涉，任何一个分支内未来所发生的事情，都不依赖于另一个分支内所发生的事情。在量子力学的“平行宇宙”理论中，所有分支都是同样真实的。这些分支有一个专业术语叫“多元宇宙”。然而这容易误导，因为事实上只有一个“宇宙”，一个所有该发生的事情都会发生的宇宙，一个所有的事情都处在各种叠加状态的宇宙。有一种现实是，我们打开盒子看到一颗完整的草莓；还有一种现实是，我们打开盒子只能看到蒸汽。之所以我们在实际操作过程中不能察觉到所有的可能性，是因为我们经历某一特定分支的时候，无法感知到其他分支的影响。

面对“草莓生死大辩论”，《无限猴笼》的签约教授尼克·莱恩为我们提供了这样的描述：

草莓确实处于各种情况的叠加状态，不过我并没有如布莱恩那样考虑既活又死的量子态。我们不妨转而将死亡想象成一种数字化进程——要么活，要么死。但是对一个人体而言，当他死了，许多组成细胞却仍然活着，当然它们迟早还是会死的，因为它们无法得到维持生命活性所需的“服务”。我们的细胞需要很多这种“服务”，才能做很多事情——我们是高能量的生物，所以能量的传递一旦停止，我们很快就会死亡。然而草莓不是，它们的细胞可没有那么多事情要做，因此这些细胞坚持很长一段时间后，草莓才会被宣布死亡。这些种子被完美地包裹在子房中，几乎可以完全处于休眠状态，因此可以存活数年之久。它们可以被小心翼翼地烘干，甚至变成像玻璃一样的东西——但是它们的结构在纳米水平上依然保持完好。这意味着它们依然有机会再发芽，重新启动新陈代谢这一生命的典型过程。在这一刻，热力学第二定律暂时被搁置一旁了，种子本来可以拥有许多种可能的状态，然而在精心的包裹之下，其他状态受到了严格限制。化学战胜了物理，哪怕只有短暂的一点点时间，虽然我很讨厌说这样的话。只要种子还保留着再度重生的结构，一旦遇到水，它们就会萌发生长。因此，草莓身上最有价值的部分依然还活着，而其他部分就像是一辆等待回收再利用的报废的破车——我们不都是这样吗？

关于青蛙的补充说明

动物学家露西·库克（Lucy Cooke）曾在电视系列片《里夫斯和莫蒂默的气味》[6] 里扮演了一个跳舞的覆盆子，她很早就对毒蛙产生了兴趣，尤其是金毒蛙 [7]。在《无限猴笼》关于毒素、毒液和毒药的那期节目里，她告诉我们自己曾经搜索过，找到过一只毒蛙。它的毒液是一种生物碱类毒液，毒性强大到可以在 3 分钟内将你置于死地。你会处在一种被称作“石化”的状态，不管从哪方面说，你已经彻底死了。你只要触碰它一下，你之后的命运就被确定下来了。在制作电视纪录片的时候，她还与一只金毒蛙面面相觑。库克戴着手套，将毒蛙置于手掌中，思绪涌上心头，她童年的愿望得到了满足，一滴泪珠从眼眶中流出。当毒蛙离开手掌后，她把手抬起来想擦拭泪水。

“不！”团队成员大喊。抬起的手停住了，她突然意识到，她与那些因为疼爱毒蛙而丧命的人相比，仅仅差了几毫米。

现在露西在日常生活中常常会疑惑，到底是平凡地活到老比较好呢？还是年轻时就死于自然界的毒物，然后成为被人缅怀的动物学家比较好呢？

尼克·莱恩：如果没有死亡，根本就谈不上进化。这个星球上所有壮丽的事物都是死亡带来的，要不然它们不会存在。荣耀源于死亡，这可是非宗教的观点。

苏·布莱克教授（Professor Sue Black）[8]：既然死亡是如此伟大的一件事情，那我们为什么对它那么害怕呢？我认为那是很精彩的一件事，是最后的历险，没人知道究竟会发生什么。

第 8 季第 1 集（2013 年 6 月 24 日）

注释：

［1］在1882年出版的《快乐的科学》中，尼采借疯子之口说出“上帝已死”，用以对当时的道德进行批判，说明我们不需要上帝，要从自己身上寻找存在的意义。

［2］搞笑诺贝尔奖（IgNobel Prizes）是对诺贝尔奖的有趣模仿，从1991年开始，每年颁奖一次，其目的是选出那些“乍看之下令人发笑，之后发人深省”的研究成果。搞笑诺贝尔奖的获奖者中也不乏诺贝尔奖获得者。

［3］1997年，安德烈·盖姆（Andre Geim）现场演示了“悬浮的青蛙”实验（又叫“飞翔的青蛙”），其原理是在外加磁场中，青蛙体内的水表现出很强的反磁性，让青蛙悬浮。该实验的难点并不是让青蛙悬浮，而是让青蛙稳定平衡地悬浮。

［4］瓦肯星人是科幻电视剧《星际迷航》中的虚构外星人种，他们是第一个与地球人类正式接触的外星智慧文明，发源于瓦肯星（Vulcan），以信仰严谨的逻辑和推理、去除情感的干扰闻名。瓦肯星人的最大特征是一对尖耳朵。

［5］草莓奶油是温布尔登网球锦标赛上传统的甜点，相传从首届温网开始流传至今。

［6］《里夫斯和莫蒂默的气味》是英国喜剧电视剧，1993年上映第1季，1995年上映第2季，每季共6集，单集片长约30分钟。

［7］又叫巴拿马金蛙、黄金箭毒蛙（Golden Arrow Poison Frog）。

［8］苏·布莱克（Sue Black），苏格兰著名人类学家、解剖学家。

第二节　插曲

达尔文的虫子

“无论何时盯着孔雀羽毛看，都会让我感到恶心！”达尔文在给阿萨·格雷（Asa Gray）的信中这样写道。[1] 阿萨发现美国大沼泽国家公园里的黑猪进化出一项吃植物根部的能力，而其他颜色的猪食用这种植物的根后会造成蹄子脱落。[2] 达尔文认为相比于黑猪的实用主义，过度进化的成本似乎加重了孔雀的负担。达尔文拥有一个受人嫉妒的大脑，但是身体状况却不尽如人意。在他完成“小猎犬号”的航行后，他生活中的大部分时间都被疾病困扰。在环游世界 5 年后，达尔文在英格兰度过余生，大部分时间住在位于肯特的一座房子里，仔细思考他的所见所闻，并开始理解自然的奥义。他整天都在研究鸽子，不停地跟随着自己的思路来回踱步。遗传学家、蜗牛专家史蒂夫·琼斯（Steve Jones），也是《无限猴笼》的常客，当被问及达尔文的哪些著作容易被不留意的读者错过时，他说：“不要看他写的关于甲虫的书，他过分沉迷于其中了。”除此以外，达尔文还写过兰花[3]、情感[4]、珊瑚礁[5]，还有关于狒狒行为的片段，当然，别忘了《物种起源》。达尔文研究了动物世界的每一个组成部分，甚至包括他自己的孩子：“我反复观察自己的婴儿，从出生不足一周一直到两三个月大，随后我发现他将要发出尖叫声的时候，第一个信号是皱眉肌的收缩，这会产生一个微小的皱眉头的动作，很快伴随而来的是眼睛周围其他肌肉的收缩。”达尔文是最细致入微的父亲，不过他应该会让孩子多哭一会儿以达到其研究目的。通过阅读达尔文的著作，你会发现蓝眼睛的猫咪是聋子，无毛的狗狗长着一副坏牙齿，这些对于它们训练自己面对一条蝰蛇攻击能保持静止不动毫无意义（他在伦敦动物园爬行动物馆里的安全地带做过实验）。

如今我们早已习惯了通过电视欣赏世界上极其丰富的物种，我们很容易忘了在大众传媒出现以前我们的星球显得多么奇异。达尔文在“小猎犬号”上所经历的那些事物是其他人几乎想都想不出的。1832 年 2 月 28 日，他在雨林中写下日记：“这段时间所经历的快乐时光让人感到迷惑。眼睛试图跟随一只华丽的蝴蝶，却又被某种奇怪的树或水果吸引；观察一只昆虫在奇怪的花上爬行，看着看着你就忘记了它的存在；刚想转身欣赏这绝妙的风景，眼前某个特别的东西又会立刻吸引注意力。大脑处于快乐的混沌中，不过一个安静愉悦的未来世界已经浮现出来。”

我们大概并没做好进入雨林的准备，但是千万别忘了无论你看到的环境是如何平凡，你所遇见的生命，在这个环境中存在的所有生物形态都是非凡的，是由这个星球上各种原子组合而成的不同形态，远超我们的认知。列车在山间运行，你凝望窗外并想象那些在你眼前的各种生命，有些是看得见的——树木、绿草，可能还有奶牛、兔子、羊驼，更多的是看不见的。你并不一定需要雨林带给你快乐的混沌。

达尔文在著作中探讨了许多奇异的世界，也有鸽子，他最后一本书是写蚯蚓的——《腐殖土的产生与蚯蚓的作用》[6]。可能有人会觉得听上去不是立刻能引人入胜的书，那样想的话就错了。这可是《无限猴笼》节目里最受欢迎的有关蚯蚓的书（我们有三本，只有这本是非小说类，另外两本是朱莉娅·唐纳森的《超级蚯蚓》和蒂姆·库兰的小说《蠕虫》，后者写的是杀人蠕虫从下水道中逃出来并大肆搞破坏）。我们非常欣喜地看到一个人虽然年纪很大，但对自然生物的好奇心不曾减弱。

书中写到了一些我最喜欢的实验，每一个都能让人对蚯蚓了解得更深一些。达尔文发现，就像许多生物一样，这个简单的生命体发挥了重要的作用。他的实验包括先让蚯蚓咀嚼不同的东西——从烟草到喷过香水的棉絮，然后朝它们吹气，以此测试它们的嗅觉；将热铁棒放在它们身边，测试它们对热的敏感程度。不过最让我感兴趣的是达尔文对蚯蚓的听觉所做的实验。他一开始使用了金属口哨，“在蚯蚓边上反复吹响”。发现蚯蚓没什么反应，有些科学家大概就停手了，但达尔文没有。接下来，他拿出巴松管尝试，也毫无反应。“它们对声音漠不关心，就算是把它们放到桌子上，尽可能靠近钢琴琴键，并且将琴弹奏得尽可能响”，蚯蚓同样没有任何反应。爵士乐说不定就是经过这一系列的实验发明的。蚯蚓可能对震动有反应，也来自钢琴的实验，当把它们放置到钢琴上，“敲击低音谱表上的 C 时”，蚯蚓会收缩。达尔文随后又尝试了 G——“高音谱表第一线上方的音”，它们也有类似的反应。

达尔文对蚯蚓的总结一如既往地表现出生物的美丽和神奇：

> 当我们注视一片广阔的大草原时，我们应该记住它的美丽很大程度是因为平坦，主要原因是那些不平整的部分被蚯蚓慢慢抹平了。这是极其不可思议的想法：整片草原上的表层土壤会从蚯蚓身体上通过，而且是每过几年就会通过一次。犁是人类最古老也是最有价值的发明之一，但是远在人类出现以前，土地事实上早已被蚯蚓耕耘过了，并将继续耕耘下去。而其他动物是否在历史上也曾扮演过如此重要的角色，这是值得怀疑的……

现在，把你的巴松管装起来准备实验吧，花园正等着你。

注释：

[1] 阿萨·格雷是美国哈佛大学富有声望的植物学家，是达尔文最热心的粉丝之一。孔雀尾巴问题在达尔文的自然选择理论中是一个极端的例子，他一直苦于无法解释为什么会有如此累赘的羽毛存在，最后他归结于性别选择，即孔雀的这种装饰特点在寻找配偶时比其他方面拥有更重要的优势。

[2] 阿萨·格雷在研究动物颜色与毒素免疫力之间的相关性时，发现黑猪是唯一能够食用色根（paintroot）的。

[3]1862年，达尔文出版了一部研究兰花的著作《兰花的传粉》，目的是为3年前出版的《物种起源》提供补充材料。

[4] 达尔文在1872年发表过《人与动物的情感表达》（*The Expression of the Emotion in Man and Animals*）。

[5] 1842年，达尔文发表了《珊瑚礁的结构和类型》一文，首次提出环礁是由于火山岛的下沉形成的假说——“地盘沉降论”。

[6]《腐殖土的产生与蚯蚓的作用》（*The Formation of Vegetable Mould Through the Action of Worms with Observations on their Habits*），发表于1881年，即达尔文离世前一年。

第三章

烹饪宇宙的秘方

第一节　渺若尘埃

一派观点

当我在夜晚仰望星空的时候，一个关于“渺小”的问题便油然而生。

从最近的恒星——比邻星发出的光需要 4 年时间才能到达地球；从肉眼可见的最远的恒星——仙后座 V762 发出的光则需要经历 1.6 万年才能到达地球。我们所看到的星光远比我们的文明古老得多。

银河系宽达 10 万光年，而它却不过是宇宙中数万亿星系中的一个而已。

面对这些天文数字，我们能感觉到自己像一个小小的颗粒，恐怕更小，简直就是宇宙中的一粒微尘。

在 BBC《无限猴笼》系列节目里，我们经常收到朋友们的电子邮件和信件，他们对其中有关宇宙的某个片段感到困惑，于是提出自己所关切的问题。

我真希望自己从未通过望远镜看过星星，而现在我感到自己非常渺小。

我参加过一次主题为“宇宙之宏伟”的讲座，了解到数亿星系之间相隔多少光年，了解到宇宙膨胀速度有多快。所有的一切越来越远，那一瞬间对“渺若尘埃”的感受是非常明显的。地球表面承载着人类文明，然而你并不需要离开地面太远，就会分不清河流、岩石和海洋；若再远一点儿，你就根本无法找寻到人类穿行于地面所留下的代表文明的点点灯光。

“旅行者 1 号”在飞越海王星后不久，为我们所在的星球拍摄了一张名为“暗淡蓝点”的照片 。这张照片清楚地告诉我们，不必离开太远，再次回望我们的家园，就会发现她已变得毫不起眼。

下图：“暗淡蓝点”，1990年的情人节那天，“旅行者1号”在距离故乡60多亿千米处拍摄，图中的小点就是我们的地球

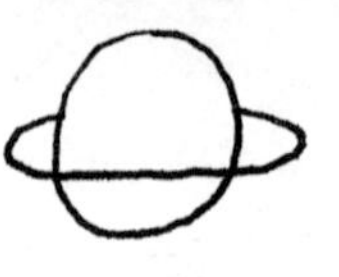

但是这种渺小是尺度上的表现，是根据高度和周长来判断的。拿人类来说吧，站在珠穆朗玛峰旁的你看上去是弱不禁风的；人对木星而言，则是可以忽略不计的，而相对于大麦哲伦星云来说，人近乎于无。

但是尺度并不能说明一切。我们可能并不高大，但是我们是复杂的群体，有着通过观察和实践而建立起来的标准，我们的结构与行为远比行星或星系更难预测。你想想，一只蜘蛛是不是比一颗气态行星更加迷人？与脉冲星相比，我们需要多少方程来描述一只会叮人的小虫的行为？相比于恒星发光的过程，你可讲得清如何才能慢慢接近并抓住一只苍蝇？……

我们能够理解太阳核心发生的核反应——氢聚变为氦产生光和热，然而我们却不知道人类是如何，又是为什么能自然而然地意识到太阳的存在，继而又渴望了解太阳的运作机制的。

我们的脾气可以如火山般爆发，我们的行为可以捉摸不定，我们的情感可以激情四射。我们非常缺乏预测自己精神状态的能力，然而我们却有能力感知到自己的渺小，这又让我们显得很伟大。这种特质令我们既感到绝望，又感到欣喜。

宇宙中绝大部分地方是“空”的。如果你被传送到宇宙的任意一处，那么有极大的可能你会发现自己身边不存在任何固体；假定你足够幸运，发现自己来到了某颗行星，那么根据我们当前的认知和理解，极大的可能是——这颗星球是无法维持生命的。你在那儿将成为一个孤单的复杂生命体，尽管你仍然如同一粒小小的尘埃，但好歹也算得上“绝无仅有”了。

地球的秩序赋予人体结构极大的复杂性，尤其还有一个复杂的、充满无数疑问的大脑，然而这或许并不意味着人类具备了终极优势，甚至可能正因为这种复杂性，反而让你感受到了沮丧。就算你是宇宙所缔造的一个复杂物种，恐怕也会为这种复杂性抓狂。宇宙赋予你改变环境的能力，既能创造，也能毁灭；宇宙赋予你在亚原子尺度上玩耍的能力，这能让你创造奇迹，也能让你自取灭亡。

你所拥有的伟大天赋，既可以创造一切，也可以毁灭一切。

宇宙的其他地方可能再也没有别的生物知道这样一个事实：竟然有一种“东西”绞尽脑汁造出了对撞机、激光、光纤设备，甚至还试图寻找宇宙如何诞生、如何终结的答案。或者，在宇宙的某个地方充满生命活力，他们看着原始的我们，就像我们看待蛆虫。

或许你很小，但是你很不寻常。你应该知道，除地球以外，太阳系的其他地方，并没有别的生物，可以说——根本没有。

因此，从某种程度上说，我们每一个人，都是伟大的渺小。在宇宙尺度上，我们有形的存在可能无关痛痒。我们由亿亿万万个原子组成，在一个世纪或更短的时间里，这些原子还将回归大自然。然而也就在那短短的瞬间里，这些原子的组合体却能够审视自我。在我们消失后，这些原子还将留在黑暗中永存。我们要做的就是尽力延长它们在光亮中存在的时间。

第二节　物理学的大脑

一项测试

罗宾写道：

以下文章主要是由一些逸事组成的，不过目前我正在做一系列实验，试图测试粒子物理学家脑子里的神经，不过这可能是无法完成的。在接触了一些粒子物理学家后，我开始注意到，如果想对宇宙的结构有深刻的理解，那么你可能要牺牲一些比较稀松平常的能力，比如选择穿什么样的袜子、如何泡茶、过马路时如何选择捷径。

有一天，我们站在了洛弗尔望远镜正中央。那天可是个好日子，不仅仅因为我们来到了乔德雷尔・班克天文台，更重要的是获知了一条科技新闻——引力波被探测到了。

我们爬上洛弗尔望远镜的阶梯寻求广义相对论的无线电印记。可能我们并不需要这么做，但是我们想这么做。你能够有这样的机会站到射电望远镜中央的时候，请大胆地说“YES”。我第一次知道洛弗尔望远镜是在《神秘博士》——汤姆・贝克的最后一部作品里。我在制作 BBC 的《观星指南》节目时，曾多次见过这台望远镜，达拉・奥布莱恩还站在下面说：“很遗憾，今晚有很多云，但是在那些水汽的背后应该有许许多多星星。”

当望远镜映入眼帘时，我还是感受到深深的敬畏，舌头都仿佛打了结似的，与我第一次看到大峡谷时的感受一样。电梯把我们带到天线下方的步道，在穿过最后一个楼梯后，前面我们所看到的那口“大锅”的位置降低了，包围着你。这里曾经是“心理地理学”第一缕曙光诞生的地方。想一想，这台已经退役的射电望远镜在 20 世纪都收集了哪些信息呢？

爬上一个类似活动扶梯的东西，一瞬间你就置身于漂亮的苍茫的白色世界中。布莱恩曾经上去过，有一次还拍摄了 D:Ream 的歌曲片花，不过他标签式的笑容不单单留在了电视摄像机中。

我们的笑容也像天使一般。继续往天线的边缘爬那么一点点，巨大的曲面会让人产生幻觉，让你感觉不到逐渐变陡的坡度。天空的颜色几乎与天线融为一体。我们抬眼观看，想象那些数据从天而降，落到这个大碗里。一个“北极白”的钢结构在中间矗立着，按理说应该是冰冷的，然而并不是。

这里就是接收天体射电信号的地方，这里就是曾经收到过第谷超新星重金属尖峰信号的地方，这里就是曾经追踪“月球 2 号”飞往月球的地方，这里就是曾经观测过脉冲星、给类星体下定义的地方。这不是“心理地理学”，而是“心理天文学”。站在寂静的洛弗尔望远镜旁，想到卡尔·萨根说过天文学是使人谦卑的职业，我对这句话的感受从来没有像现在这样强烈过。如同你尽情地想象所有的中微子穿越你的身体，你也可以想象有无数射电信号从银河系以外发射过来。

回到咖啡馆，我问布莱恩关于引力波的事。以后在谈到物理学的时候一定会屡屡提及这个有些迟到但注定伟大的日子。有时候一个好的想法需要等待新技术去测试。这个故事源自两个黑洞的并合。它们撞在一起的瞬间，产生了比当前已知宇宙里所有恒星辐射总量大 50 倍的能量，是激光探测到了时空的波动。

这里就是接收天体射电信号的地方，这里就是曾经观测过脉冲星、给类星体下定义的地方。这不是“心理地理学”，而是“心理天文学”。

布莱恩是这样解释的。

布莱恩：13 亿年前，由于两个黑洞碰撞引起了一场时空风暴。一个黑洞的质量是太阳的 29 倍，另一个是太阳的 36 倍。这个碰撞事件仅仅持续了不到 0.2 秒，在并合前这段时间里，两个黑洞的旋转速度从光速的三分之一增加到光速的三分之二。并合让整个系统损失了一部分能量，风暴带着这部分能量以光速传递出去。在远小于 1 秒的时间里所产生的最大能量比整个可观宇宙中恒星的总能量还要大 50 倍。13 亿年前，一颗围绕黄色恒星运动的行星上，居住在海水中的还只是单细胞生物。当时空振荡的风暴到达后，有一些单细胞生物已经演化成了多细胞生物群体，在这片土地上殖民，并且学会了利用科学建造两台巨型激光观测设备，每一台都有两条呈直角的 4 千米长的探测臂，它们坐落于一个名叫美国的国家。2015 年 9 月 12 日，他们打开了这两台刚完成升级的名为“激光干涉引力波天文台”（LIGO）的设备。两天后，2015 年 9 月 14 日美国东部时间 5 点 51 分，引力波风暴穿越地球，引起探测臂产生质子直径千分之一的长度变化。这些信号，即下方图表中的信号，就是一个世纪前爱因斯坦的广义相对论中所预言的，当时还没有人知道黑洞或激光。生命可以在 13 亿年里取得伟大的成就。大约 30 分钟以后，布莱恩把这个故事讲完了，或者说至少他把目前所发生的重点讲完了，因为只要还有新的发现，这个故事就能继续下去。

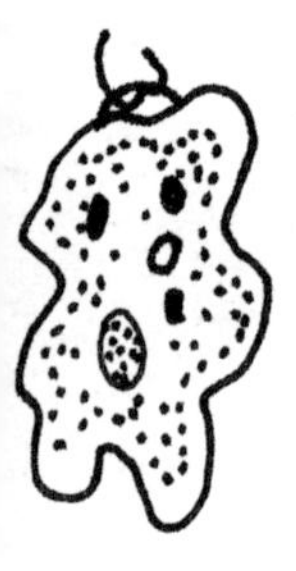

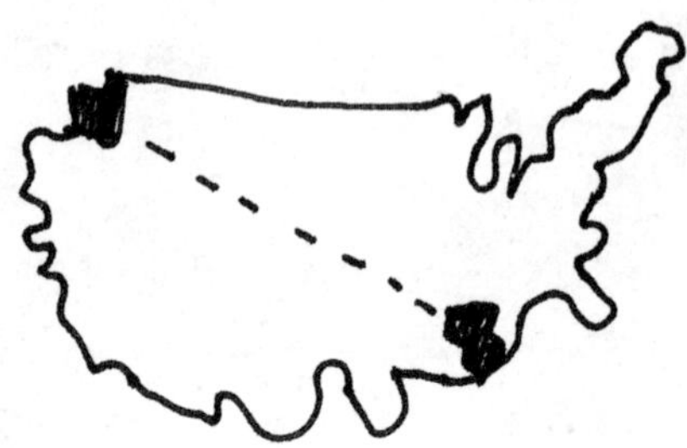

“哦，烫焦啦！”他生气地叫道，马上冲出来伸手去拿水。很明显，他的舌头上起了一个泡。然而我却想这未必不是一件好事。这个人对宇宙有着很深的理解，但却不知道让一个派冷下来需要多少时间。

大约一个星期过去了，游览期间，布莱恩的嘴巴再也没有被热的食物烫着，于是我想试探试探。

“炸薯条来啦，烫的。”

“火烫的薯条……”他笑了，然后搁到嘴唇边上。

“你要记住上次吃热派时发生了什么情况。”

“火烫的薯条……”他会再笑一笑，然后他会尖叫，舌头还是会肿。

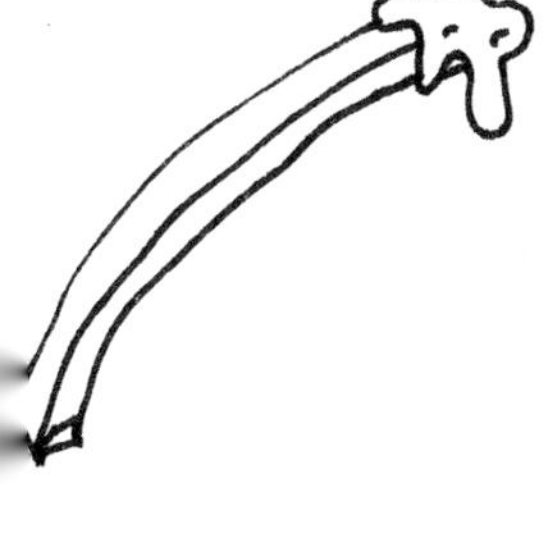

最后，我得出结论，根本无能为力。我的大脑中有一小片区域能提醒我有些食物在吃以前需要留出时间冷却，而这一小片区域被布莱恩用来理解量子纠缠。这是我的悲哀，也是他的悲哀。他可能还会被派里头的馅烫着自己，而我或许仍然不会理解两个遥远的光子会产生相互影响。

图一：位于华盛顿州的激光干涉引力波天文台（LIGO）汉福特观测站

图二：位于路易斯安那州的激光干涉引力波天文台（LIGO）利文斯顿观测站

图一

图二

LIGO 实验

LIGO 实验包括两台激光干涉仪，一台位于美国西北部华盛顿州的沿海地区，另一台位于东南部路易斯安那州。探测器主要由两条真空管构成，每条臂长达 4 千米，末端悬挂着几个非常重的反射镜，强劲的激光束在镜子之间快速穿行。根据爱因斯坦广义相对论的预言，引力波通过探测器时，会引起镜面之间的实际距离发生变化。由于探测器两条臂（真空管）呈直角排列，根据预测，一条探测臂会压缩，另一条会伸展。通过一种叫激光干涉的技术，可以非常精确地测出光子在两条探测臂末端的镜子之间反弹所经历的时间。这种技术将测量精度推向了极致，这相当于在我们到最近的恒星——比邻星之间的距离中，测出比一根头发丝还小的长度。如果引力波是以光速穿越地球，这种天体物理学源引起镜子的摆动，并且由于两座激光引力波天文台相距 3002 千米，同一特征信号会在两台干涉仪中出现，但会存在一定的延时，这个延时恰好等于光在两个观测站之间穿行所需的时间。

LIGO 描绘出的两个黑洞并合

左图为汉福特观测站的结果，右图为利文斯顿观测站的结果。左边是汉福特观测站（记作 H1）测得的信号，将信号平移 6.9 毫秒就能叠加到利文斯顿观测站（记作 L1）的信号上，能解释引力波以光速传播。两个信号有着明显的相似性，可以被认为它们来自相同的遥远的天体物理源，并不是来自本地的噪声。在两个信号图表下方是实验结果与广义相对论预测模型的比较，距离地球 13 亿光年的两个质量分别为 29 倍和 36 倍太阳质量的黑洞发生并合。最下方两张图表示引力波频率和强度在时长 0.15 秒的并合事件中如何变化。

图表来自《黑洞并合产生的引力波》, B. P. 阿尔伯特，PRL 116, 061102 (2016)。

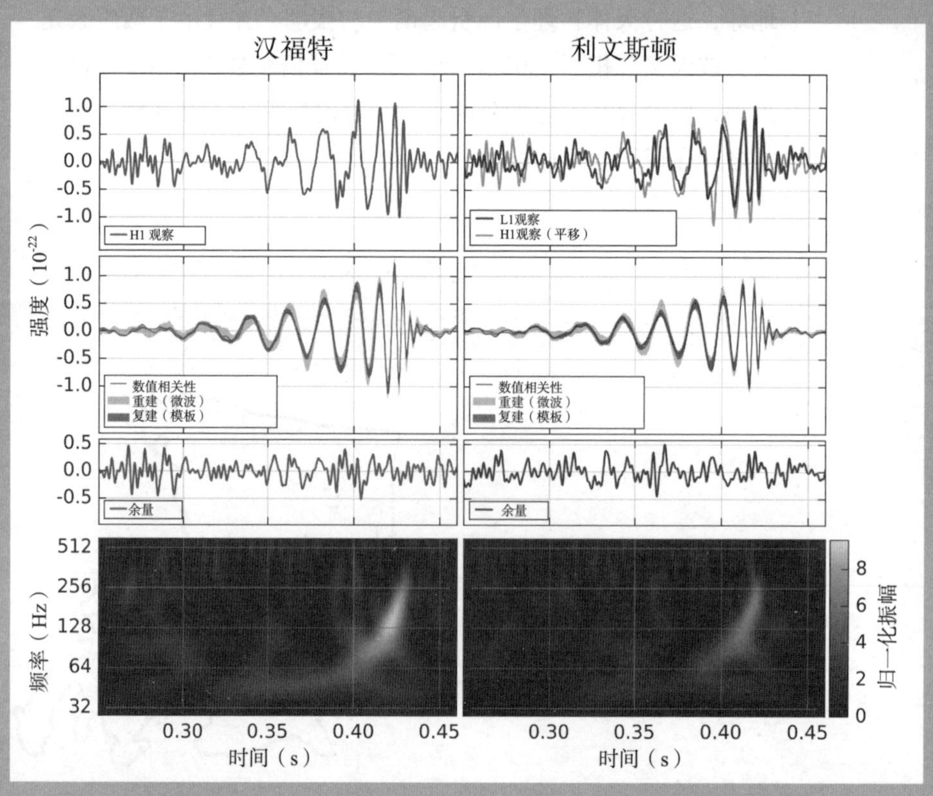

这些图表中（至少）可以看出三件值得注意的事。

第一，理论预测与实验结果十分吻合，这是爱因斯坦广义相对论的又一项伟大成功；

第二，两个黑洞旋转速度极高，碰撞相当激烈，总质量为太阳 60 多倍的两个黑洞旋进，提速，相撞，并合，这个过程发生在一瞬间；

第三，我们已经有能力设计一个实验测量宇宙结构中微小的扰动，LIGO 是人类独创性的最强例证。

烹饪宇宙的配方

如果你要做一个苹果派，那么首先要先造一个宇宙出来。

——卡尔·萨根

为什么存在物质而不是虚无？几个世纪以来，人类罗列了不少理由。有人相信一切始于一个神，抑或是八个[1]，还有人补充说宇宙从一片混沌的无生气的水中产生。有的神创造出了人类，可能因为他们无聊、孤单或者是想做点有趣的事情，有的神一下子就找到了正确的配方，有的则经过多次尝试。玛雅的神先使用泥土创造人类，然后再尝试用木头，最后发现玉米才是最好的原料。有的说宇宙从种子中生长，有的说宇宙像一个鸡蛋……各种说法都有。

埃及宇宙论中另一个常见的元素是为人熟知的宇宙蛋，是原水原土[2]的替代品。宇宙蛋版本的另一个变形是太阳神，是诞生于原始土丘的原始力量。

创世神话是反映人类了不起的原始自然天性的绝佳实例。当我们缺乏证据、缺乏信源，又没掌握知识时，我们无法理解这种深刻的问题，我们只能常常在孤独的想象中寻求安慰。

最近几个世纪，我们对宇宙规律的理解得到了大大的提升，但是我们仍然不知道为什么是那样。真的能从虚无中产生东西吗？而且还不是一点点东西？宇宙可不是魔术师大礼帽里的一只鸽子。只要花几个小钱，你就可以搞明白魔术师是怎么藏鸽子的，但是隐藏数万亿个星系的把戏却很难被识破。这是一个在《无限猴笼》中出现多次的话题。

宇宙起源的时候到底发生了什么？
实体的基本结构又是什么？
夜空的魔力又是从哪里来的？

在这样的讨论中，首先要强调的是，我们并不知道宇宙是如何诞生的，我们也不知道实体的基本构造。但是，我们不知道答案并不意味着我们就没什么可讨论的了，我们仍可以讨论“猴笼第零定律”——任何深信自己知道宇宙如何诞生的人是没有资格坐在《无限猴笼》节目中的。然而科学家已经将宇宙的起源推回到了138亿年前，远早于第一代恒星和星系的诞生，早于原子和原子核的诞生，或许比大爆炸本身还早。

罗宾的警告（在看完本章初稿后增加的）：这是本书的难点所在。你可能需要一支笔，当你想问“这是什么意思”的时候，你拿笔来画下重点，或者用它来戳一下自己的大腿或脑袋。千万别占用太多时间，但如果你把这本书放在卫生间，这一章节可能会让别人发问：“为什么他们在里面待那么长时间？”

当他们砰砰砰敲门时，你可能正在思考宇宙大爆炸，或者尽可能地跟上我们现在理解宇宙的节奏。记住理查德·费曼的建议：一直读到你感到困惑，然后再从头开始，每一次你都会有所进步。

可观宇宙是指我们所能看见的宇宙部分，我们能确定它的存在。它是我们地球周围的光线在 138 亿年内可以到达的空间。根据最新的测算，可观宇宙拥有 2 万亿个星系。

罗宾：这意味着我会草率地计算，然后说：“啊，宇宙直径是 276 亿光年。”

布莱恩：那你就错了。

罗宾：这就好了，这意味着我们仍然需要两个主持人来主持这个节目。一旦我做对了，你就要担心了吧？

布莱恩：我可没那么担心。

罗宾：你不担心就对了。为什么不是 276 亿光年？

如果问题是大爆炸之前是什么情况，答案是：

我不知道。

——卡洛斯·弗兰克教授，第 10 季第 5 期（2014 年 8 月 4 日）

第99页：哈勃极深场图。这是哈勃空间望远镜长时间曝光的照片，拍摄的范围只有满月直径的十分之一大小的一片天空。图中包含了超过1万个星系。类似这样的照片可以让天文学家估算出整个天空可观测星系的数量。

可观宇宙的直径要大于276亿光年，因为遥远星系的光在穿行到我们这里的同时宇宙正在膨胀。爱因斯坦广义相对论是我们研究宇宙是如何从大爆炸膨胀的理论框架。根据广义相对论，空间并不是一个简单的大盒子，里面装着一切事物，而时间也不单纯是一个嘀嗒作响的东西。时间和空间交织在一起，成为所谓的时空。这种时空"织物"是动态的，它可以压缩，可以伸展，可以弯折，可以扭曲。广义相对论告诉我们时空是如何随其中的质量与能量变化的，而物质和能量又是如何反过来受到时空影响的。著名物理学家约翰·阿奇博尔德·惠勒（John Archibald Wheeler）曾用一句令人着迷的话描述广义相对论：物质告诉时空如何弯曲，时空告诉物质如何运动。

这种宇宙织物的扭曲来自附近的恒星或行星，甚至是任何产生引力的物体。举个例子，月球的公转轨道，就是月球在由地球引起的弯曲时空中运动的结果。你或许看到过这样的图片，地球把一块橡胶床垫压弯变形，而月球就像一颗弹珠一样在自己的轨道上绕着地球转。宇宙学的重点在于空间不仅仅因为物质和能量的存在而变弯，它也会反过来拉伸或压缩它所承载的东西。基于某些假设，相对论被简化为一个简单的公式，名叫弗里德曼方程，它将宇宙膨胀速率和宇宙中的物质与能量直接联系起来。在本书的后面，我们将对这种关系进行更细致的探讨。现在，想象一下来自宇宙边缘一个星系的光穿越时空进入我们的望远镜。光穿行了100多亿年，但同时空间也在拉伸——这种情况就是所谓的"我们生活在一个膨胀的宇宙中"。伸展的空间也在拉伸光线，使光的波长变长，这被称为宇宙学红移，因为波长越长的光颜色越红。

我们可以测定任意已知星系的红移，如果我们重复测量许许多多不同距离不同星系的红移，我们就可以描绘出宇宙发展进程中的膨胀速率。这种测量可以被用到计算可观宇宙的大小上。因此我们要问这样一个问题：既然星系发出光线向我们这里传递的同时它们也在以某一速率（变化的）离我们远去，那么当前最远的星系有多远呢?

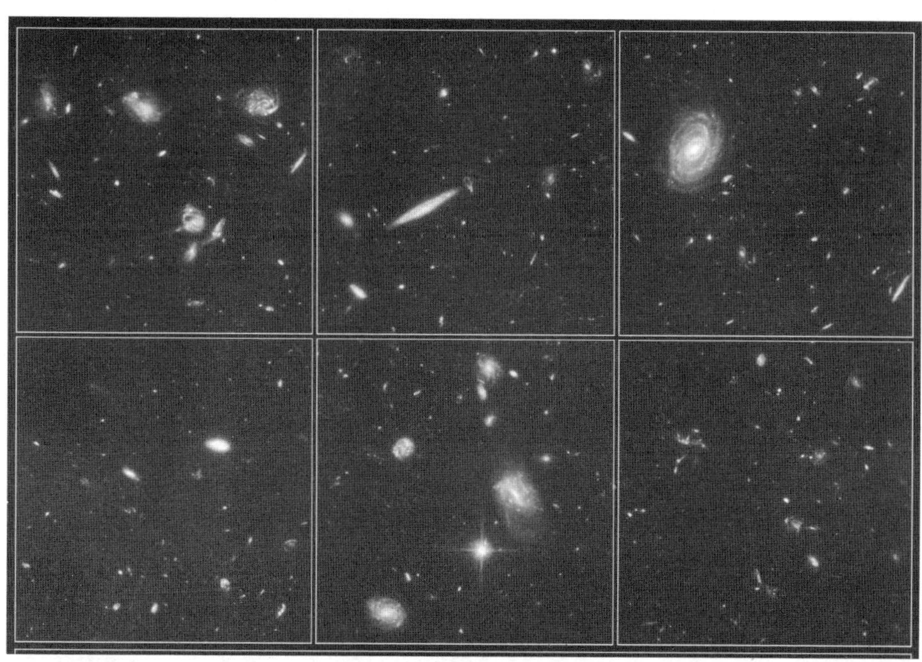

答案是，目前我们能看见的最遥远的天体距离地球465亿光年，

于是可观宇宙的直径就是 930 亿光年。

第102—103页：建于1917年的威尔逊山胡克望远镜。天文学的许多重要进展都在这里诞生，包括哈勃颇具开创性的对遥远星系红移的观测

在这930亿光年范围内的星系数量能让我们感受整个宇宙的大小，因为星系本身就拥有非常巨大的尺度。我们的银河系拥有大约2000亿颗恒星，或许这个数字还要翻倍，如果以光速（每秒30万千米）穿越银河系也要花费13万年。许多恒星像太阳系一样拥有行星和卫星，而从我们人类的视角看来，行星也够大了。要真正理解这种规模是不可能的，大部分天文学家甚至都不敢去尝试，但是这也并不能阻止我们去思考和理解它是如何形成的。

罗宾：我一直很好奇，在理解这些天文数字的时候你的大脑是如何运作的。对我来说，这种时候就属于宇宙学眩晕状态。如果在一个晴朗的夜晚，我站在海边凝望天空，直到越来越多的星星进入我的视野，有那么一瞬间，我的思维会颤抖，停滞。就好像几乎能够理解这种巨大的尺度了，却一下子又被击倒了，这时候最好的选择大概就是"关机"或者尝试"重启"。

光速有限是上天馈赠的礼物，因为我们观测星系的时候等于在回望过去。我们可以看到最遥远的星系的光已经走过130多亿年才抵达，这意味着，我们正在观察它们刚诞生后不久的样子。包括詹姆斯·韦伯太空望远镜（JWST）在内的下一代望远镜，以及在澳大利亚和南非正在建设的平方公里阵射电望远镜（SKA），会让我们观测到宇宙仅仅几亿岁时第一代恒星和第一代星系诞生的样子。

遥远的星系并不是宇宙中我们能直接观测到的最古老的结构。在大爆炸后仅仅几十万年，宇宙温度太高，以至于原子都无法形成，整个空间充斥着由氢、氦原子核与电子组成的炽热而稠密的"汤"。在这样的极早期，空间里充满着光——宇宙在某种程度上就像一个巨大的正在生长的恒星——但是光线却不能传播得很远。这种热"汤"被称为等离子体，不透光，因为光子会不停地撞入稠密的带电粒子中。

随着宇宙不断地膨胀，温度逐渐降低到3000摄氏度，这时距离宇宙大爆炸过去了38万年。这样的温度已经冷到可以让带正电的原子核捕捉到电子，第一代原子就此诞生。这时候的宇宙变得透明，光线可以从刚刚诞生的原子组

成的热气团中逃逸出来，并且在宇宙中沿直线穿行。这些光中间有一部分到达了如今的地球，我们建了探测器捕捉它们，让我们可以拍下古代等离子体的照片（见下页）。由于宇宙的膨胀，这部分光已经被拉伸了1000多倍，这就意味着它们不再是我们肉眼可见的光了，而是变成了电磁波段中的微波或射电波，这种光线有一个更为人们熟知的名字——宇宙微波背景辐射，缩写CMB。

我们会时不时地收到《无限猴笼》听众的来信，他们对现代科学持怀疑态度，有些人喜欢挑战宇宙大爆炸之类的理论。

罗宾：在打开一封信之前，我们甚至就能从一条简单的线索知道是否有人拿宇宙学来说事，这条线索就是信。纸质信件用来表达愤怒，电子邮件用来表达赞扬。有时候，写信是为了阐述冗长的新宇宙学理论，不过我们现在能认出著名物理学家吉姆·艾尔-哈利利（Jim Al-Khalili）的笔迹了，于是我们将信件退给发件人。当然这项工作也很简单，因为他与我们只相隔三张桌子[3]。

大爆炸后不久的早期宇宙曾拥有一个物质炽热稠密的阶段，对不同意这个观点的人来说，他们可能把注意力转向下面这张照片，并指出我们能真正看到它。宇宙微波背景辐射于1964年由阿诺·彭齐亚斯（Arno Penzias）和罗伯特·威尔逊（Robert Wilson）发现，从那时起，我们便不再认为恒星、行星和星系一直在那里，因为我们确实可以推测出宇宙在某一刻什么都没有。

宇宙微波背景辐射照片中的颜色对应的是年轻宇宙微小的物质密度的差异，表明宇宙背景中不同的温度。密度更高的地方，在引力的作用下，物质最终会坍缩，在这个过程中，第一代恒星相继点燃，第一代星系相继形成，宇宙黑暗时期宣告结束。

这看上去是我们所能到达的早期宇宙的最远地方，因为我们不可能看到比宇宙微波背景辐射更遥远的东西，但是我们可以利用其他已知的物理学领域去理解。如果我们跟随诞生于大爆炸后38万年的宇宙微波背景辐射追溯，会发现宇宙越来越热。几千度的时候原子会分裂，与之类似，当温度达到10亿开氏度，原子核也将破裂。如果宇宙大爆炸的模型是准确的，宇宙生命的前几分钟就会存在这种情况。

下图：欧洲航天局布朗克卫星制作的宇宙微波背景辐射照片。这张显示整个天空的照片便是我们的宇宙在大爆炸后38万年的样子

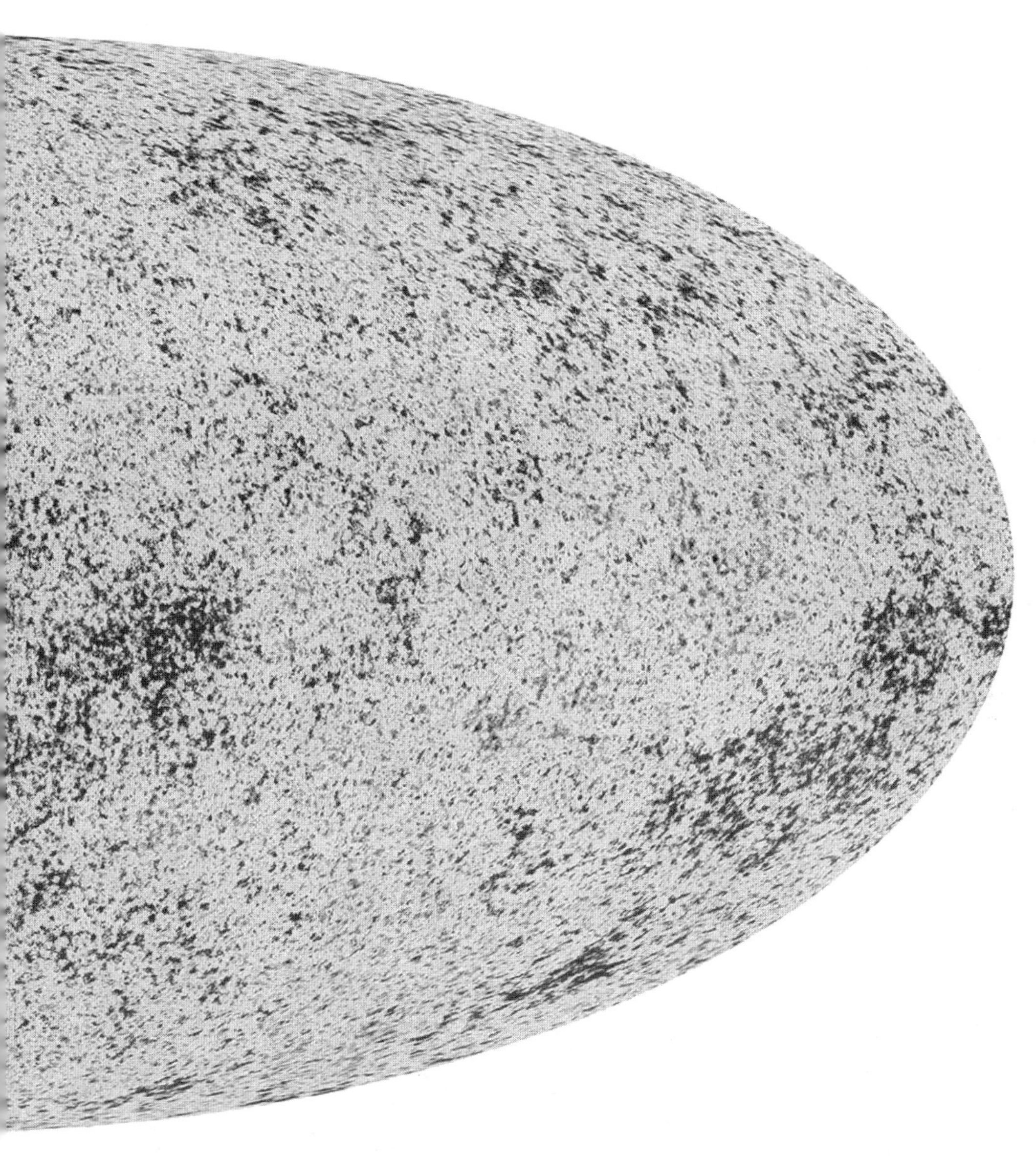

原子核由两种更小的结构组成——质子和中子。原子核里的质子数量决定了原子的化学性质，这也是我们标记化学元素的依据。氢是最简单的元素，原子核内只有 1 个质子，其次是氦，核内有 2 个质子，随后是锂，3 个质子……一种元素原子核内的中子数量可以有多种情况，但并不影响化学性质。氢有一种形态叫作氘，原子核内拥有 1 个质子和 1 个中子。通常氦原子核有 2 个中子，但有时候只有 1 个；锂原子核通常有 4 个中子，但有的只有 3 个。

下图： 位于双子座的爱斯基摩星云，距离我们大约3000光年。太阳大小的恒星在其生命终结的时候，含有大量新合成重元素的外层会被抛向空间

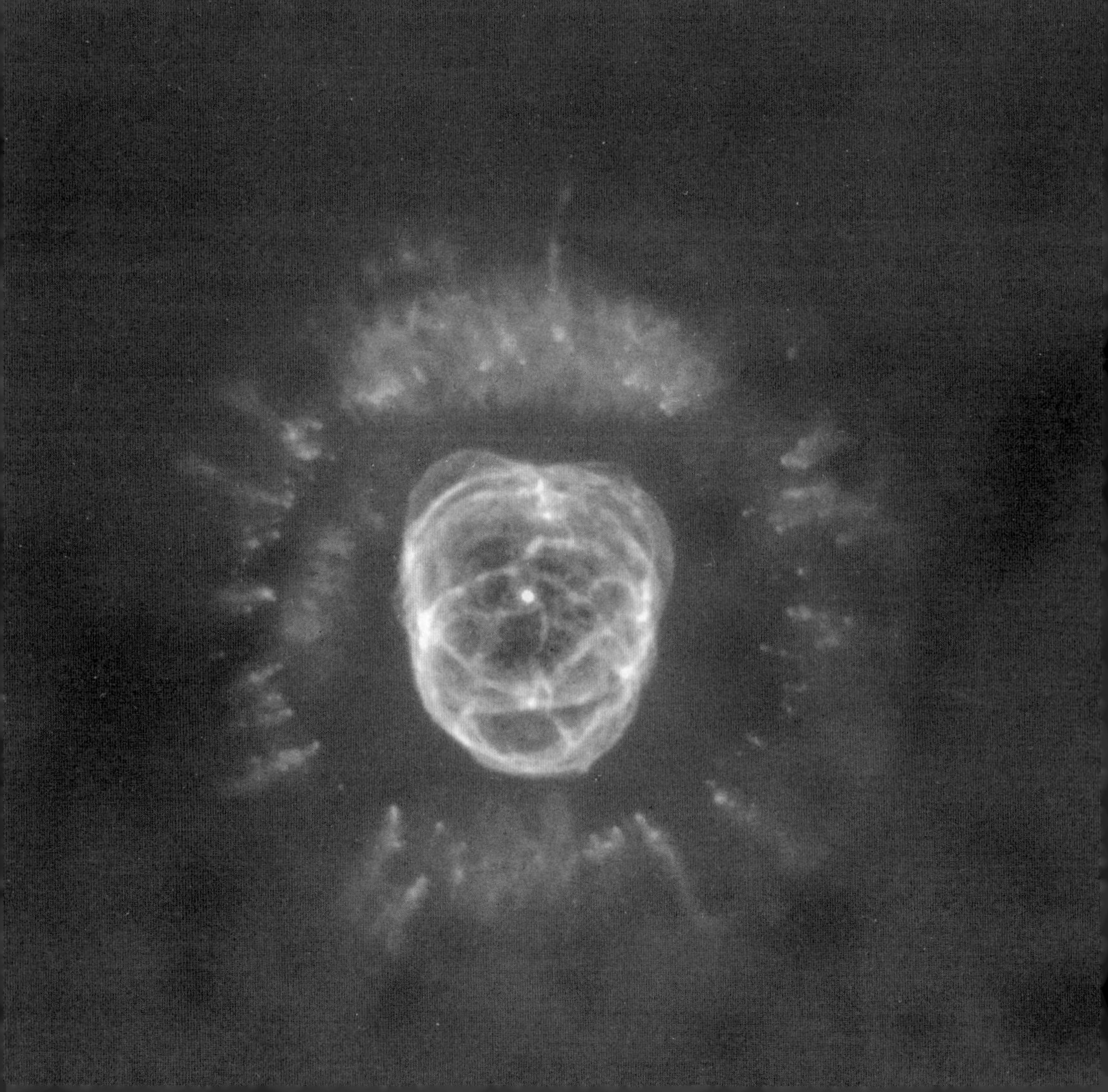

像太阳一样的恒星要通过将其内部的氢聚变为氦的过程才能发光，这种过程被称为核聚变。当恒星耗尽它们的氢元素，比如太阳大约在50亿年后，它们开始将氦聚变为更重的元素，如碳、氧、铁，但是这个阶段不会持续很长时间。最后恒星死亡了，并将其外层物质抛出去，形成行星状星云，或者大质量的恒星，最后会出现超新星爆发。这种恒星残骸将尘埃云变得更加富饶，并将坍缩形成下一代恒星、行星，这是当前宇宙中所有比锂更重的元素的来源。引用卡尔·萨根的一句名言："我们都是由星星的物质组成的。"

天文学家可以通过恒星和星系的光来测量宇宙中不同元素的丰度。最远的星系含有极少的重元素，据推测，那是因为我们看到的它们还处在宇宙很年轻的时候，恒星还没有时间产生较多重元素。然而我们也发现即便是最年轻的恒星和星系也含有75%的氢和25%的氦，以及少量的氘与锂，这对天文学家来说是个巨大的难题，因为计算表明恒星的核聚变只能产生一小部分氦，而氘则不应该有。

这个问题的答案是大爆炸核合成理论。宇宙中绝大多数氦和氘是在宇宙生命的最初几分钟内形成的，那时候的温度足够高，能够让核聚变迅速进行。如果我们知道早期宇宙中质子、中子、光子的密度，以及宇宙膨胀速率——这关系到宇宙温度下降的速率——我们就可以计算出氢、氘、氦、锂等元素相应的丰度。这种计算应用了大量的基础物理的知识，具体细节相当复杂，所以此处我们只能略过[4]。令人印象深刻的是那惊人的精度，我们可以准确说出宇宙大爆炸后20分钟的样子。

我们都是由星星

的物质组成的。

——卡尔·萨根

自然界有四大基本力：引力、电磁力、强相互作用力和弱相互作用力。爱因斯坦广义相对论中已经对引力做过描述。其他三种基本力都由粒子物理标准模型来描述，对此我们在本书第 142—143 页有概述。标准模型可以让我们计算核聚变反应发生时质子与中子的比例。在大爆炸发生后 3 秒钟，质子和中子的比例被固定为 6∶1，它们是后续制造氦、氘、锂的原料。

氘的合成开始于大爆炸后约 2 分钟，约 18 分钟后，反应终止。这些数字都来自弗里德曼方程的计算，它告诉我们宇宙以什么速率膨胀，温度又是如何随着时间推移而下降的。在大爆炸后的前 2 分钟里，光子的浓度非常高，在强作用力的影响下，1 个质子和 1 个中子结合形成的氘会迅速地被光子击碎。而大爆炸 20 分钟后，温度下降得飞快，以至于核聚变无法继续进行，所有中子都已被扫入氘核，而绝大多数氘核又转换成了氦核。理论预言最初 6∶1 的质子 / 中子比决定了宇宙中原子质量的 24% 是氦，剩下的应当全部是剩余的质子，也就是氢原子核。而这个比例恰恰就是我们现在所观测到的结果。

这对大爆炸模型来说是个巨大的胜利。计算来源于我们对四大基本力的理解，来源于 20 世纪物理学的两大支柱——广义相对论和标准粒子模型。我们所掌握的物理学适用于宇宙最初的几分钟，如果它们存在着明显缺陷，那么我们很难想象能得到正确的数字。

第二个巨大的胜利在于对极少量残余氘的预测。天文学家观测了一种遥远的极其明亮的星系，叫作类星体，测得宇宙中每 100 万个氢原子中有 26 个氘原子，它们都应该是在宇宙大爆炸后的核合成期中诞生的，因为那时产生的氘比恒星内部核反应产生的氘更容易被破坏。理论的计算对重子（质子和中子都属于重子）与光子的比例拥有很高的灵敏度。而这个比例并不随着时间而变化，因为宇宙的膨胀对光子和重子的稀释作用是相同的，也就是说，今天我们观测到的重子 / 光子比和宇宙诞生最初几分钟是相同的。理论值与观测值吻合得很好，重子与光子的比例约 6×10^{-10}，即大约每 10 亿个光子才对应着 1 个重子。

罗宾：化学元素周期表的创建堪称史诗巨作，如此宏伟壮丽。我很吃惊为什么当初在学校里学的时候却感觉那么枯燥。我们是通过死记硬背的方式来学习宇宙的成分，而不是学习门捷列夫（Mendeleev）是如何以及为何创建化学元素周期表的。13 岁的我绝不会想到 48 岁的我会对一种化学元素情有独钟，也绝不会想到48岁的我会对化学元素周期表更感兴趣了。顺便说一句，碲是一种闻上去有点大蒜味的元素，被广泛用于太阳能电池板上。对不起，把你打断了。

通过对宇宙微波背景辐射的测量，我们可以精确地知道今天宇宙中光子的密度——每立方厘米413个光子，因为这与宇宙微波背景辐射的温度直接相关。重子/光子比是宇宙大爆炸核合成理论所需要的匹配氘原子核的指标。光子密度与重子/光子比相结合，就能计算当前宇宙重子的物质密度，它们是组成所有行星、恒星、星系最重要的基石（重子的质量远远大于电子的质量）——每立方米中大约有0.25个重子。

我们可以对宇宙进行称重，从而验证这项预测。方法其实有很多，最简单的方法是使用历史上测定太阳质量的近似方法。如果你知道了一个行星的轨道半径和轨道周期，那么你就可以利用牛顿定律，测定引力的强度来估算恒星的质量。20世纪30年代，天文学家弗里茨·茨维基（Fritz Zwicky）使用这种方法计算了后发星系团的质量。现在，天文学家们使用多种方法给宇宙称重，如观察绕着星系运动的恒星轨道可以了解星系团是如何将穿越它们的引力掰弯的，即引力透镜效应。所有的方法均揭示出类似的情况——每立方米空间中有约1.5个重子——这与大爆炸核合成理论推导出的每立方米0.25个重子相矛盾。

罗宾：啊哈，现在觉得脑子不够用了吧？让我们回到绘画板上。我有一个关于甲虫的理论。

布莱恩：动作不要太快，喜剧演员。

根据恒星的光以及对星际气体发出的无线电波和 X 射线的探测，天文学家能够测量出星系和星系团中不同质量的组成部分分别由哪些重子组成，最后以恒星、气体和尘埃的形式呈现在我们面前。他们发现我们所能观测到的质量中大概只有六分之一是“常规”的重子物质，剩下的物质是不发光的，与恒星、气体、尘埃的相互作用极其微弱，这种神秘的物质被称作暗物质。现在的观测认为它们可能是一种并未参与大爆炸核合成的全新粒子，理由是它们并不与质子、中子、光子发生明显的作用。我们能测到的质量密度是每立方米中含有 1.5 个重子，然而根据大爆炸核合成理论，其中六分之一是由质子和中子组成的，也就是说每立方米中含有 0.25 个重子。

与我们测定氢、氦、氘、锂的丰度一样，这些成果都是宇宙大爆炸理论的卓越成就，但是也留下了一个暗物质谜团。在世界范围内有大量的暗物质探测实验，要么是捕捉暗物质与普通物质极小的碰撞机会，要么捕捉暗物质碰撞的直接产物，比如大型强子对撞机里的实验。在本书写成之前，还没有测到任何相关信号，不过实验人员一定不会排除暗物质由未知的弱相互作用粒子组成的可能性，研究还将继续下去。

罗宾：很高兴我们在出去巡演的时候，常常会发现一些最年轻的听众非常聪明。经常会有父母留言，“暗物质的问题还没完全搞明白，但是就在我们排队离开停车场的时候，我 10 岁的孩子帮我解决了疑惑”。在我和布莱恩一起做的第一次现场节目中，有一个小孩子，可能是 10 岁左右，极其渴望提问。观众们带着迷茫疑惑的眼神微笑着注视他，期待着他提出有关火星人或彩虹的问题。结果……“考克斯教授，关于暗能量，我们能知道暗能量究竟是什么吗？或者它仅仅是一个虚构出来的科学设想，是对我们根本无法了解的知识范畴的托词？”回答如下：“这方面我们确实遇到了一些麻烦。下一个问题[5]。”

我们如何才能对付暗能量呢？

20 世纪 90 年代中叶，我们发现宇宙中还有另一种成分——暗能量。两组不同的天文学家独立地通过观察遥远的超新星光线被拉伸的程度测定了宇宙的膨胀速率，结果发现膨胀速率在增加。宇宙正在加速膨胀！这引起了很大的震动，因为每个人都想当然地认为大爆炸后，在物质和暗物质引力的作用下，宇宙的膨胀速率应该会下降。广义相对论能够通过引入一个叫宇宙常数的东西来解释这种加速膨胀。爱因斯坦最初引入这个常数完全是出于数学上的考虑，他认为一个宇宙常数可以让他平衡由物质主导的膨胀的宇宙，从而创造一个稳定的、永恒的宇宙。不过宇宙常数并没有被接受，随后爱因斯坦删掉了宇宙常数，并指出方程中加这样一个常数项是他一生最大的失误。宇宙常数是一种能量，与物质和暗物质一样，在计算宇宙平均质能密度时必须包含在内[6]。这部分能量令我们所观测到的宇宙在以某个速率加速膨胀（提醒一下，还是弗里德曼方程表达的内容），其数量上等效的结果就是宇宙每立方米空间含有 3.5 个重子。

好了，现在我们有了宇宙的清单——1 立方米空间中有 0.25 个重子（质子和中子）、1.25 个暗物质粒子和 3.5 个暗能量所等价的重子，合在一块儿是每立方米 5 个重子，这就是我们现在看到的宇宙。这些结果基于一个多世纪以来我们对基础物理学的认知，将许多不同的天文学研究团队独立的观测发现组合在一起得出的结论。

对于这一点，一个疑惑的读者——我们所设想的《无限猴笼》的一类特殊读者——可能会提出反对意见，认为这些测量可能是错的。我们并不理解暗物质或暗能量的实质是什么，所以，我们会不会出错了呢？关键是，那些在现代宇宙学这块大蛋糕外精美的裱花，都可以通过研究宇宙微波背景辐射进行交叉检验。

ME&RE-1/3/14
ME&RE-1/3/15
ME&RE-1/3/16
ME&RE-1/3/17
ME&RE-1/3/18
ME&RE-1/3/19
ME&RE-1/3/20
ME&RE-1/3/21
ME&RE-1/3/22
ME&RE-1/3/23
ME&RE-1/3/24

ME&RE-1/3/06
ME&RE-1/3/05
ME&RE-1/3/04
ME&RE-1/3/03
ME&RE-1/3/02
ME&RE-1/3/01
ME&RE-1/3/36
ME&RE-1/3/35
ME&RE-1/3/34
ME&RE-1/3/33
ME&RE-1/3/32

116—117页： 大型强子对撞机是世界上规模最大、能量最大的粒子对撞机

看看第 106—107 页上的宇宙微波背景辐射照片，我们能看出很多细节。大爆炸的余辉并不是完全均匀的，天空中有些地方显示出细微的温度差异，而这种差异是由于年轻的宇宙相应区域的密度与其他地方不同所导致的。不过差异非常非常小——只有千万分之一度——这也是为什么在 1989 年美国航天局高精度的观测卫星 COBE 开始收集数据前我们从未探测到。在此之前，宇宙微波背景辐射在天空中是完美而均匀的辉光。对宇宙学家而言，这些细微的涨落可是一座宝贵的金矿，它们是观察宇宙大爆炸的窗户。2006 年，乔治 • 斯穆特（George Smoot）和约翰 • 马瑟（John Mather）因为他们的发现获得了诺贝尔物理学奖。

有时候，即使对专业的物理学家而言，对理论物理的神奇力量表现出崇敬之情也是完全可以理解的。正如我们在这一章开头时所写的，关于宇宙起源的问题是个贯穿人类发展历史的古老问题。过去，创世故事的动机可能是尼罗河的生机盎然之美，可能是日月星辰像时钟一样富有节律的运动，也有可能是恰好漂浮于无垠大海之上的绿洲。当然啦，宇宙微波背景辐射的波动不会那么浪漫，对创世故事中“起源”的解释会有些不同。这是一个科学化的创世故事，意思是这个故事可以做出预言，并且可以通过观测进行验证。这个理论被称为“暴胀理论”，解释了一种机制最终导致了宇宙微波背景辐射的密度涨落，这个理论可以换算成相应的物质、暗物质和暗能量的组成加以验证。它也解释了为什么我们观测到的宇宙质能密度是每立方米 5 个重子。在精良的观测之下，它也支持了宇宙大爆炸理论。

暴胀理论的基本思路是，就在炽热而稠密的宇宙充满物质和辐射之前，它以一种非常不同的状态存在。宇宙又冷又空旷，什么也没有，除了一种叫“暴胀场”的东西。如果要画出暴胀场的话，那就像填充在整个空间中的非常平缓的海洋。暴胀场的作用效果是让宇宙迅速地膨胀，仿佛给宇宙注入了一个超级强劲的宇宙常数。每过 10^{-37} 秒，宇宙的每一个空间就会膨胀一倍。让我们聚焦在只有质子的十亿分之一的方寸之地吧，在短短 10^{-35} 秒后，这块空间就已经膨胀到一个蜜瓜大小了，在那一刻，宇宙的暴胀停止了。不过空间中的能量却没有消失，全部转换为温度极高的粒子汤，最终成为我们今天所能测到的质子、中子和暗物质粒子的基础原料，这就是我们所说的宇宙大爆炸。从这个意义上说，暴胀发生在大爆炸前。现在宇宙学家把暴胀结束时宇宙的炽热状态称为热大爆炸（Hot Big Bang），以区别暴胀的起点。

我们对大爆炸时蜜瓜大小的宇宙如此感兴趣的原因在于，那一刻一切都已决定了，在之后的 138 亿年里，宇宙便长成了我们看到的这个模样。它所蕴含的能量形成了 2 万亿个星系里的所有恒星以及所有的气体、尘埃和暗物质。这也是为什么“热”这个词还是比较合适的。宇宙早期的这种状况是难以想象的，但是并未超出我们当前物理学理论的范畴。

当然，并不是说我们对宇宙起源的理解是完整的。我们对暴胀如何开始，甚至是否真的发生过一无所知。根据爱因斯坦广义相对论，宇宙必然有一个起点，也就是我们说的“大爆炸”。我们知道爱因斯坦的理论在宇宙早期存在极端能量的情况下会失效。我们猜测需要有一种关于引力的量子理论来取代它，然而我们并未找到。如果没有这种理论，我们很难有信心介绍宇宙的起源，甚至抛出这样的疑问——宇宙是否有源头。暴胀期的可观宇宙只有质子的十亿分之一，但是我们准确预测的能力在那一刻突然消失了，这也是为什么我们对宇宙的描述只能从那个点开始。

罗宾：这就是有意思的地方，我能理解为什么人们会喜欢那些有着甲壳虫的神话，或者是神用玉米创造人类的那种创世神话，尽管它们并不能真正解答我们的疑惑，但至少不费解。看一眼蔬菜货架，豌豆、甘蓝、白菜，每一样蔬菜的尺寸都是我们的宇宙曾经历过的，但是非常短暂，知道这点就会被震撼到。再想想整个宇宙一度只有我们大脑那么大，而大脑又能以某种方式变出宇宙极速膨胀这样的想法，这是一种既令人兴奋又使人困惑的循环，不过并不总是这样。我发现我不可能在一辆福特嘉年华汽车的后备厢里得到一个衣橱，也不可能在储物袋里找到一顶帐篷，所以把一个宇宙塞进一个蜜瓜这件事情足以困扰我。请注意，现在宇宙已经从包裹中抖开了，那么把它再放进去是有多容易呢？

这一切听上去好像空穴来风，因为我们所说的很多货架上的蔬菜是没有什么显而易见的活动机制的，这么说来，到目前为止，暴胀理论看起来并不比任何其他的创世神话更好或者更糟。那么好，下面我们就将介绍一些可检验的暴胀理论的相关预言。

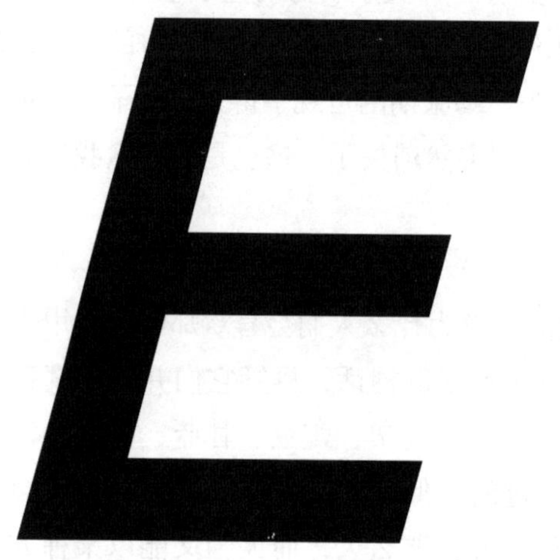

mc^2

暴胀场的行为由量子力学来描述。量子力学与爱因斯坦广义相对论一样，成为现代物理的基石。现在主流的标准粒子模型就是由量子理论发展起来的。经过一个多世纪的实际检验，我们对量子力学已经有了非常好的理解，对它的预言深信不疑。量子力学告诉我们空间中可以“空无一物”，而只有一片“能量海洋”。更准确的是，我们应该把暴胀场想象成一片正在经历暴风雨的海洋。浪尖就是暴胀场中能量较高的区域，波谷是能量较低的区域。随着宇宙暴胀，两者之间的差异被拉平，我们接近热大爆炸的时刻，不过浪尖所占据的空间依旧会比波谷膨胀得稍大一点点，理由很简单，因为浪尖有更多的能量，只要有能量就会推动膨胀。当暴胀结束的时候，宇宙非常炽热，而过度拉伸的区域粒子分布的密度会比拉伸较小的区域稍微低一点儿。

因为我们使用量子力学可以计算暴胀场引起的波的尺度，因此我们也可以计算热大爆炸后粒子密度的涨落。值得注意的是，理论计算与我们在宇宙微波背景辐射里观测到的密度涨落吻合得很好。之所以说它有说服力，主要有这样几个原因。首先，暴胀理论的引入并不是为了解释宇宙微波背景辐射当中的密度涨落。宇宙急速膨胀的想法是为了解释我们所观察的宇宙的其他一些特征所提出来的，而暴胀场作为这种急速膨胀的机制是之后才出现的。至于那些特征，我们将在后面的章节中加以解释。其次，有关密度涨落的预测在 COBE 卫星发现前就已经提出了[7]。

现在让我们去看看蛋糕上的裱花。在由基本粒子组成的新式蜜瓜海洋中，密度高低不同的区域是宇宙暴胀过程撒下的种子，它们又是如何发展成为宇宙微波背景辐射的样子的呢？

一开始高低起伏的区域扮演着类似声波源的角色，在热大爆炸后宇宙诞生的前 38 万年里，通过充满整个宇宙的带电粒子热汤及暗物质向外传递，最终变成宇宙微波背景辐射。你可以把宇宙最初的样子想象成被踢了一脚的水桶。这一脚使水面产生波动，能量以波的形式在表面传递，碰到水桶壁会反弹回来，而传递的速度取决于水的物理性质。宇宙暴胀结束后的高低密度差异就像是踢的这一脚，而粒子汤就像是水桶里的水。关键在于，和那个水桶一样，声波也同时开始在粒子汤中传递。这是暴胀理论非常特殊的预言，因为暴胀是瞬间停止的。这会在宇宙微波背景辐射中留下什么图案（模式）呢？想象一下抓一把鹅卵石扔到一个（超级大的）水桶里，鹅卵石撞击水面产生波动。稍后，你会看到一系列逐级生成的水波圈圈，由于鹅卵石是同时撞击的，所以这些圈圈的半径是相同的。宇宙暴胀所预言的情况与此类似，只不过，年轻宇宙的粒子汤中的水是半径相同的球状波纹而非圈圈。在最初的波动发生 38 万年后，微波背景辐射释放出来，而球状波纹的半径取决于波穿越粒子汤的速度，这取决于汤是由什么东西组成的，以及不同类型的粒子的相对数量和它们的相互作用方式。我们应该能看到被封存在宇宙微波背景辐射中的逐级生成的球状波纹，不过，它们看上去会大许多，因为它们发出的光在膨胀的宇宙中行走了 138 亿年。所以说，宇宙微波背景辐射记录下了早期宇宙粒子的大量信息，也蕴藏着宇宙之后如何膨胀的信息，而这一切又是由宇宙演化历史中物质和能量的组成所决定的。

第 106—107 页显示的宇宙微波背景辐射照片事实上是数学表现。第 125 页里的图被《无限猴笼》节目的参与者卡洛斯·弗兰克教授称为人类文明史上最了不起的成就。这张图表由所谓的二点相关函数得到，它让我们看到所有的球状波纹在炙热的粒子汤中传播的效果，以及第一批原子形成的时候是如何冷却，锁入宇宙微波背景辐射的。图中波峰所在位置和相应的高度包含了我们所要了解的信息。波峰的存在意味着确实有声波在早期宇宙中传递，根据暴胀理论，它们在热大爆炸时期同时开始传递。如果球状波纹半径不同，那么就不会显现出波峰。

第一个波峰所在的位置与原始粒子汤中声音的传播速度直接相关，这由粒子的组成与相互作用来决定。波峰所对应的高度也告诉了我们重要信息。它们呈现逐渐减小的趋势，因为光子在粒子汤中传递的距离非常有限，无法进行散射，而具体的距离与带电粒子的密度有关——主要是氢原子核、氦原子核和电子。奇数波峰比偶数波峰在尺寸上稍微大一些，这是因为粒子汤里的暗物质粒子起到使其衰减的作用，它们不会对波的传播起到直接的推动作用，因为它们几乎不与带电粒子发生交互作用，但是它们会产生引力影响，让奇数波峰产生更强烈的振动。这些东西都非常复杂，非常微妙，我们只不过划破其表面而已，但希望你能大概明白宇宙微波背景辐射是天文学家的宝贵礼物，它蕴藏着宇宙信息的财宝。

下方这张图上的点和线是根据从普朗克卫星提取出来的数据绘制的。曲线直接穿越数据点，但也并非简单直接绘制上去的。这是一个理论预测，从暴胀理论预测的热大爆炸的密度差异分布开始，在物质和暗物质组成的粒子汤中留下声波印迹，当宇宙微波背景辐射产生的时候停止传播，遵循爱因斯坦广义相对论宇宙演化至今。宇宙包含了 5% 的普通物质、27% 暗物质和 68% 的暗能量。这些数字与大爆炸核合成理论的计算是一致的，与我们通过直接观测恒星、星系的行为所得到的宇宙成分是一致的。

下图：普朗克卫星测量的宇宙微波背景辐射中的温度涨落。引自布莱恩•考克斯、杰夫•福肖的《宇宙指南》，2016年

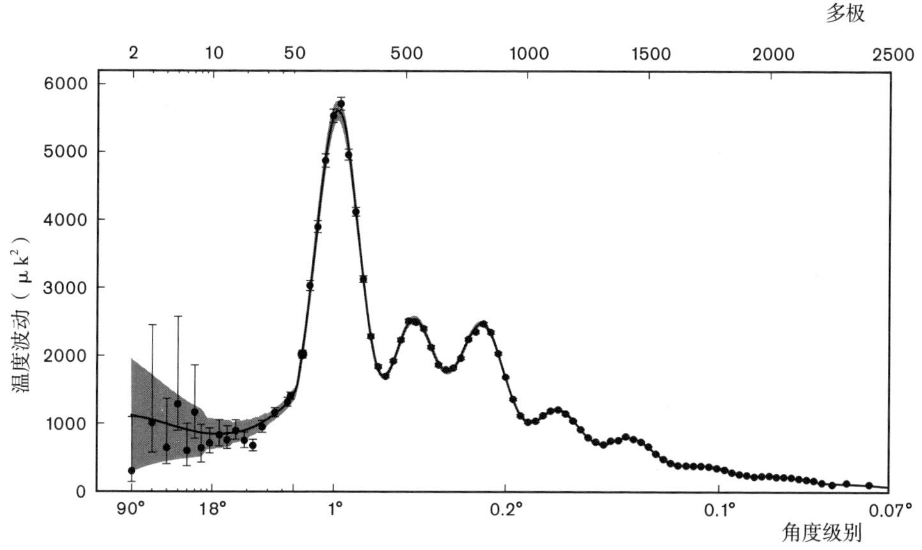

上图：1959年，物理学家和数学家理查德•费曼（Richard Feynman）在位于加利福尼亚州帕萨迪那（Pasadena, CA）的加州理工大学演讲

这绝对是个伟大成就——毫不夸张地说,在这点上达成了空前的一致——这也是现代科学非常重要的一项成果。有人经常会听到一些所谓的质疑者或是阴谋论者说，那些科学家认为大爆炸模型几乎是确定的，这属于过于自大。他们认为这只不过是一个理论，伽利略还曾经因为声称地球绕着太阳转而受到迫害[8]。伟大的理查德•费曼也经常说:“假如你认为科学是确定的，那么，这只是你的一个误解。”如果说科学当中有一件事情是确定的，那就是没有绝对的真理。有的只是现实，地球绕着太阳转，而它们又是含有千亿颗恒星的银河系的一部分。理论各有不同，它们都是模型，但就如俗话所说，模型都是错的[9]。意思是我们尚未找到想要的适用于一切情况的理论。例如：广义相对论在物质极其稠密和高能的状态中失去作用，标准模型无法解释暗物质。话虽如此，我们仍然对理论抱有信心，它们可以指引我们得到可验证的预言，特别是许多独立测量所得到的验证。大爆炸核合成理论、对宇宙微波背景辐射的认知、诸如星系旋转速率和星系团运动等天体物理学的测量，提供了大量独立的交叉检验。从粒子物理再到引力,现代物理学跨越了非常广泛的领域，就我们对物理学的理解来看，恐怕很难质疑百亿年前宇宙曾经历过的炽热而稠密的阶段。那个时期不仅锻造出宇宙最轻的化学元素，还制造出了大爆炸的余辉——宇宙微波背景辐射。从反对的角度来说，质疑者应该要发展出一套同样有效甚至更好的竞争性理论，来解释那些已被观测到的宇宙属性，随后做一张类似第 125 页插图那样的点和曲线出来，这样做才算合理。其实这是很困难的，举个例子，宇宙微波背景辐射暗示原始粒子汤中含有暗物质粒子，这样就能很好地解释图中的波峰，但如果把暗物质从模型中拿走，用其他的方法解释星系的运动，那么很有可能会破坏了对宇宙微波背景辐射的描述。这在科学体系中是可以经常碰到的情况。真正的力量并不是来自对一两个特别的情况的解释，而是对所有看上去无关的观测结果用一条相融的原理来解释。

我们的蛋糕现在已经得到了充分的冷却，不过正如我们前面所提到的，暴胀所带来的影响不止于此，该理论还解释了为什么我们能在今天的宇宙中检测到每立方米刚好相当于 5 个重子的能量。更重要且颇为神秘的一点，5 是个非常特殊的数字。

罗宾：在这点上我能感觉到你的困惑，或者说，只是我想将自己的困惑与读者的困惑进行分享。不过有时候在面对物理学的困惑时，布莱恩通常有一个笑话缓解紧张情绪。那是在布莱克浦码头上的第一次广播，D:Ream 的演出由于电力系统突然中断而停止，我最喜欢的物理学家说出这样的笑话："海森堡正在高速公路上超速行驶，一个警察把他拦下来，问他：'你知道自己开得多快吗？'海森堡答道：'我不知道，但是我很确定我在哪里。'[10]"

现在我们该说说布莱恩的笑话了。

为什么天文学家会对数字 5 更感兴趣，而不是 42 或 69？原因在于每立方米 5 个重子刚好就是所谓"临界密度"的数值。临界密度是让宇宙保持"平直"的物质和能量的密度。如果你看过一些关于广义相对论和弗里德曼方程（第 146 页）的论述，你可能已经碰到过这个概念。如果你还没看过，那么现在算是个好机会！重要的是这个精确的数字确实极为特殊。假如没有其他信息，它可以表示任何东西，在 20 世纪 90 年代末之前，当时这个数字还是 1.5 左右，天文学家并未刻意关注；如果没有暗物质的话，这个数字是 0.25，天文学家对此好像也并不在意。不过现在，我们测量出来的宇宙密度十分接近临界密度，这样的话就需要一个解释了，单靠弗里德曼宇宙学方程似乎是不够的，方程暗示了随着时间的推移，宇宙会从并不绝对平直的空间推向平直。换句话说，如果我们今天观测到的宇宙是很平直的，那么它在大爆炸时也应该很平直。

这个谜题的答案同样可以从暴胀理论中找到。从暴胀到热大爆炸，再到释放出宇宙微波背景辐射，我们在描述这段宇宙演化时期的某个时间点时，考虑的是大约为质子的十亿分之一大小的空间。我们之所以要关注那么小的一片空间，是因为 138 亿年后它决定了我们所观测的整个宇宙。在暴胀时期，在我们周围也有可能存在着其他的小片空间，但是我们并不去关注它们。为什么呢？如果我们观察另一个不同的空间碎片，它和我们的宇宙在暴胀时期的大小相同，暴胀结束后，热大爆炸时也会是一个蜜瓜大小的尺寸，138 亿年后，它也会成为分布数万亿个星系 100 多亿光年大的宇宙。我们对它并不感兴趣，因为它所包含的星系距离太远，星光无法到达我们这里，而且永远都到不了，所以，我们是无法看到它们的。因此，暴胀理论描述了一个比我们所见宇宙大得多的宇宙，可能是个无限大的宇宙。

地平线以外还有许多空间，我们完全可以有其他化身，做出任何有可能的判定。

——马丁·里斯，尊敬的里斯勋爵，第 6 季第 5 集（2012 年 7 月 16 日）

在莎士比亚的时代，雷电和雨水都是女巫的杰作，今天则是科学的一部分。我们并不知道宇宙是否无限，今天可能是玄学，但有一天也许会成为科学的一部分。

——卡洛斯·弗兰克教授，第 10 季第 5 期（2014 年 8 月 4 日）

宇宙在地平线外的巨大尺度带来了一个直接结论，解释了为什么我们看到的宇宙是平直的，解释了一个巨大的谜团——为什么当前宇宙的密度恰好十分接近临界密度，即每立方米 5 个重子。

我们可以用一个类比来解释原因。设想地球表面太平洋上一个 1 平方千米的区域，在一个平静的一天，它显得非常平坦。然而，如果我们把感兴趣的区域延伸到整个太平洋，我们会发现海平面是弯的，因为地球是个球体。一小片海域是平的，这是毫无疑问的，如果我们必须考虑一个很大的尺度，比如行星的半径，那么它就是弯的。同理，如果宇宙显著地大于可观宇宙，我们会测量得到可观宇宙是平直的这一结论。整个宇宙可能是平直的，也可能不是平直的，我们无从得知。观测证据表明，如果我们把常规物质、暗物质、暗能量加在一起，可以得到每立方米 5 个重子所对应的能量，暴胀理论为这些证据提供了一种符合自然的解释。

这是关于我们宇宙及其成分的演化史的艺术化表达，毫无半点的臆断或争议。甚至是最有争议，也最难理解的暴胀理论，也被认为是“标准宇宙学”的一部分，这意味着该理论是当前的主流范式。模型很好地符合了数据，未来更新的理论必须比它更好。

现在我们终于可以推出宇宙的配方了。暴胀理论给了一个比可观的宇宙大得多的宇宙，它也提供了热大爆炸后几乎标准，但又不完全标准的粒子分布模型。138 亿年后，物质和能量演化出一个非常特殊的配比：5% 的常规物质、27% 的暗物质和 68% 的暗能量；最初的密度涨落最终坍缩形成恒星、行星和星系；核物理和化学天衣无缝的配合创造出了有生命的文明，而这些文明把这些谜团都解开了。宇宙中的原子发明了一个看起来正确的创世故事。

这无疑是人类的智慧与创造力的伟大见证，但是科学创世说并未就此结束。暴涨理论还暗示着其他一些可能的情况，一些宇宙学家会继续尝试用它来进行预测，这有可能带来更翻天覆地的变化。从我们现在的认知来看，如果理论是正确的，那么它将有可能接近所有创世说所面临的基础问题、现实关切以及哲学挑战。

罗宾：这种考虑是否包括弦论？我已经在阅读一些书，是讲我们的宇宙可能由微小的振动的弦组成，但是有些理论物理学家告诉我他们根本没有时间花在那上面，除非它们是有一定的实在性的。基于这个原因，我想最好还是不要花太多的时间阅读弦论，以免我不得不沉浸其中 10 年才能搞懂它。到后来，等我终于可以说出“哦，我明白了”这句话的时候，“国际物理学联合会”却如火山爆发般地突然发表声明：“从现在起，弦论失效了，我们要采用一套新的理论来解释：一只非常大的喜鹊里住着一头大象，大象的后背上有几个非常非常小的转盘……”

下图： 2014年，欧洲航天局的德国航天员亚历山大•杰斯特（Alexander Gerst）在国际空间站上拍摄的地球反射太阳光的照片

我们说过，暴胀最后失去动力时宇宙就进入热大爆炸阶段。在我们所处的空间中这点是确切的（假定暴胀理论是正确的），但是宇宙处处都一定是这样吗？回想一下暴胀场中的能量涨落——暴风雨中的海洋——留下了宇宙中起起伏伏的密度涨落。要是有些区域暴胀并未减速而是加速，暴胀海洋的波浪变得很高又会怎样呢？随着周围其他空间的尺度拉伸幅度减小，这些区域将迅速成为支配宇宙的力量，暴胀还会继续。这样的话，像我们现在所处的地方，暴胀已经停止，倒有可能是一种特例。这套理论叫作永恒暴胀，因为并不是所有的地方都会停止暴胀。我们所在的宇宙就是一个不会产生“泡泡宇宙”的小碎块，而可见宇宙是其中极微小的一部分。我们面前的图景是由暴胀空间所承载的像分叉的树枝一样的泡泡宇宙，永无止境，即所谓的暴胀多重宇宙。许多宇宙学家认为这种理论引人入胜，扣人心弦，因为它有可能将我们引向一个最大谜团的终极答案。

正如我们所见，广义相对论和标准模型有可能进行适当的拓展，来解释暗物质和暗能量，从而提供一份塑造宇宙的配方。不过可以肯定的是，它们无法给出一份独一无二的秘方。我们必须“人工输入”超过30个从实验性观测中得到的数字才能制造出当前所看到的宇宙。这些数字描述了基本粒子的质量、力的强度、暗能量的总量等。假如这些数字发生变化，哪怕是很小的变化，宇宙就会变得非常不同。如果宇宙的引力很弱，其他保持不变，恒星和星系就不会形成。如果改变电磁力、强相互作用力或弱相互作用力的强度，同样也会改变核物理，导致宇宙缺乏大量的碳和氧，于是就可能无法支持生命的存在了。如果有太多的暗能量，宇宙就会膨胀得太快，恒星形成会更困难。似乎就在我们存在的一开始，自然法则就已经完全调整到位了。不知道我们是否被允许对这些数字做出微调，因为我们并没有一个理论来统一标准模型和广义相对论，形成所谓的量子引力，比方说引力的强度与其他几种力的强度存在着某种形式的关联。这么说吧，自然法则看上去调整得很完美，这可不是简单的观测结论而已，而是引出了一个关于“设计”的争论——是否存在一个设计师或造物者。非常幸运的是，我们一定会看到一个适合我们生存的宇宙，很可能是这样，但是当永恒的暴胀和弦论结合在一起，则会出现截然不同的解释。

下图：这张分形图像表现了自然界形状的复杂与美感

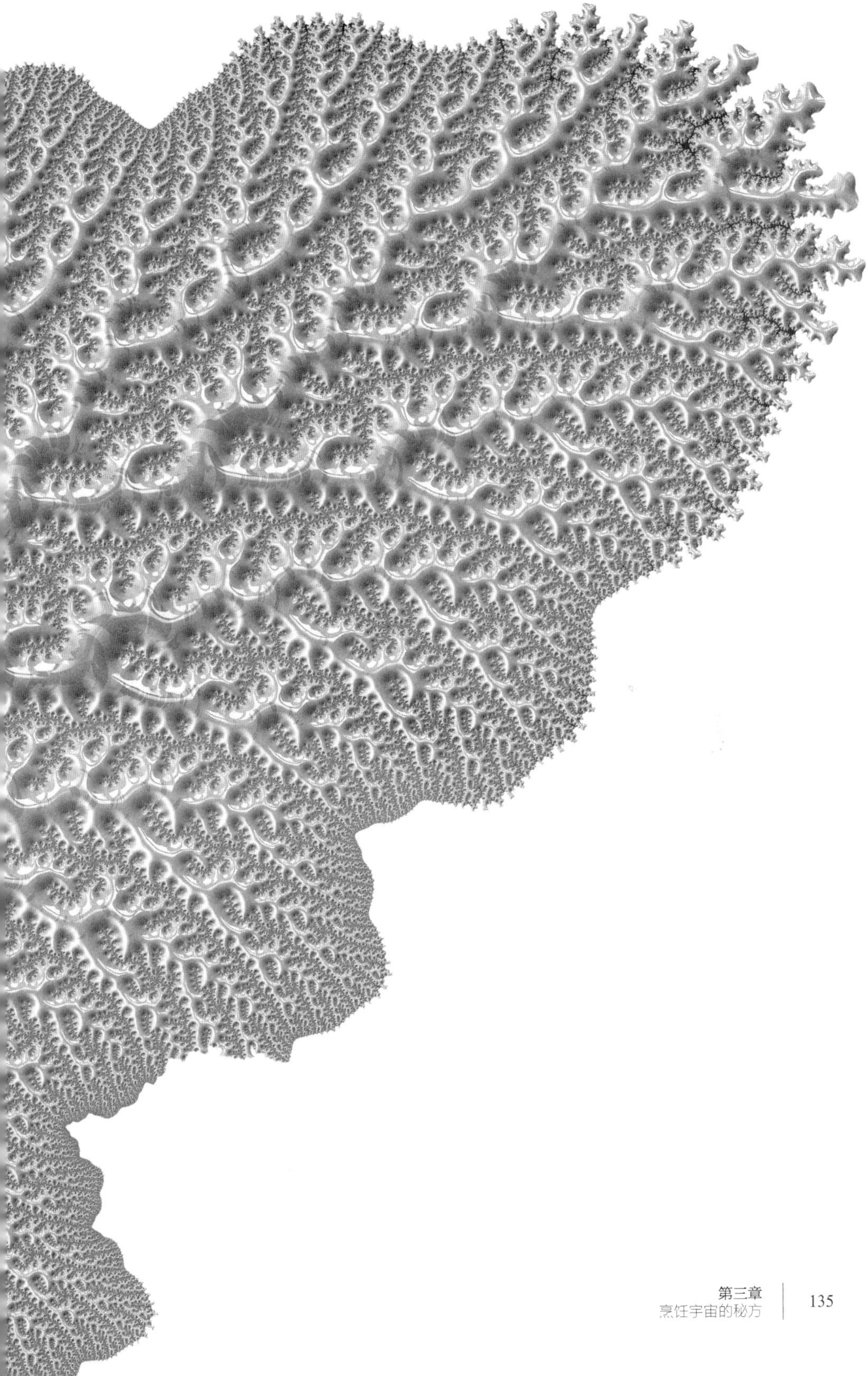

弦论是我们目前最成熟但无疑也并不完备的理论，是建立量子引力论的一种尝试。它假定宇宙的基本结构是非常小的振动的弦，尺度为 10^{-35} 米，是质子的一万亿亿分之一。弦论已经取得了一些值得关注的成功，广义相对论和标准模型看上去只是这种深层理论在低能态的近似。弦论在数学上描述了一个十维时空，我们只不过是生活在一个四维的宇宙中，三维空间加一维时间。然而，这些额外的维度可以卷曲成很小的形态，我们无法直接察觉到它们。我们三维世界中的每一个点都与其他小得看不见的维度存在复杂的纠缠，即便使用巨大的显微镜，比如大型强子自对撞机，也无济于事。弦论认为这些卷曲的维度决定了我们所观察到的自然法则，如引力的强度、粒子的数量以及相互间的作用力等。这已经相当鼓舞人了，一时间许多物理学家认为可以描绘出这些卷曲维度的简单形态，从而推导出宇宙的完整理论。就像史蒂夫·霍金在《时间简史》的结尾处所写的："我们的宇宙将是唯一可能的存在，我们终将明白上帝的心思。"

然而，在 21 世纪初，研究弦论的理论物理学家的希望几乎破灭，因为他们发现那些额外的维度能够以许多形式卷曲。甚至"许多"也只是一种轻描淡写，因为大约有 10^{500} 种不同的可能，这个数字远远超过我们可观宇宙中原子的总数。

这显然是令人沮丧的，但至少当它与永恒暴胀理论结合时，这种可怕的爆炸式的可能性倒是一大特点。

如果我们将时间倒回到热大爆炸的那一刻，进入到暴胀阶段，暴胀场中的能量密度一定是增加的。而在接近热大爆炸时，暴胀场的能量又显然是降低的，要不然暴胀就不会停止，至少我们所在的空间应当如此。当我们及时回到过去，非常快地达到极高的能量，时间和空间也失去了它们的结构，这意味着卷曲维度的形状也会随之消失。

因此我们可以这样想象，当暴胀时期能量密度跌落到某个临界值以下时，时间和空间——由卷曲的维度塑造的时空结构结晶成形。泡泡宇宙就好比是雪花，虽然每一片都有差异，但是由相同的物理规律和相同的物质创造出来。反过来也可以说，每片雪花都是一个具有不同自然规律的宇宙。

上图： 这些迷人的照片由“雪花痴”威尔逊•本特利（Wilson Bentley）拍摄。1885年1月，他将一个小型显微镜安装在相机上，第一次得到了雪花的照片

在这场由永恒暴胀所引发的宇宙暴风雪中，多维度的每一种可能的组合都会被真实地创造出来，这解释了我们的宇宙为什么会表现出对生命而言完美的调配。多重宇宙中存在 10^{500} 种可能性，必然存在一种配方，就像我们的宇宙一样。

不过暴胀的多重宇宙依然还留有很多疑问：为什么是滋生万物而非空无一物？为什么弦论可能存在？暴胀场又是从何而来？是否需要类似无限暴胀的理论才能完全理解弦论？或者，我们是否永远都不可能解决有关存在的终极难题？这或许不是当前的科学范畴，我们必须先放一放。

约翰尼斯 • 开普勒（Johannes Kepler）曾写过一本美丽的书《六角形雪花》。1610 年 12 月，当他走在布拉格的一座桥上，一片雪花飘落到他的大衣上，随

后他写了这本书，提出了雪花、石榴籽、六边形蜂房等这类自然事物的形态结构问题，不过他并没有得出什么结论——在一个尚未认识原子、分子，甚至是牛顿引力的世界里，他能做什么呢？开普勒通过自己的努力研究行星的运动，这是个巨大的进步。1610 年的文明还没有积累足够的知识让每一个人真正有机会理解雪花的结构，但是可以尽其所能有多少就理解多少。开普勒以谦卑的姿态完成了这本书，一个知道自己在思考什么的好奇者被自己的忧郁推到了时代的最前面：

在我们知道真正的原因前，看看这个题目留下了多少值得一说的东西。天才的人们啊，我宁愿听听你们是怎么想的，也不要独自陷在深远的讨论中筋疲力尽。好吧，没有下文了。结束。

——约翰尼斯·开普勒

Saturnus.
Iupiter.
Mars.
Ceres et Proserpina
Venus
Mercurius
Omnibus Do.
lucem.
calorem.
motum.
Sua fovent
Vniversu ornant
Mutuo se illuminant
Quid si sic?
Vtinam et alæ.
Hic ejus oculi.
A Discourse concerning A NEW world & Another Planet In 2 Bookes.
London
Printed for Iohn Gelli=
brand at the Golden ball
in St. Paul's Church
yard 1683.
N. Copernicus.
Galilæus
Keplar.

粒子物理标准模型

粒子物理标准模型描述了目前已知的组成物质的所有基本粒子以及它们的相互作用力，但不包括引力，总共有 12 种基本粒子，被分为三大家族，如第 143 页所示。组成原子核的质子和中子并不在图中，因为它们并不是基本粒子；它们由更小的成分夸克组成。2 个上夸克和 1 个下夸克组成了 1 个质子，2 个下夸克和 1 个上夸克组成中子。夸克被强相互作用力限制在一个很小的空间内，提供这种力的是一种被叫作胶子的基本粒子。在标准模型这种量子理论中，力是通过粒子间相互转化实现传递的。

原子由质子、中子和电子组成。电子是一种基本粒子，在图中的第一列中，位于上夸克和下夸克的下方。电子被光子所携带的电磁力束缚在原子核周围的空间内，光子是我们日常生活中比较熟悉的，就是构成光的粒子。第一个粒子家族还有最后一个成员电中微子。原子中并没有发现中微子，但是它们却是我们的世界的组成部分，因为它们以某种方式参与核反应过程，比方说我们太阳的核心就发生着那些反应。太阳的光芒来自氢原子核，即单个质子聚变成为拥有 2 个质子和 2 个中子的氦原子核。粒子物理标准模型的第三种基本力，也就是弱相互作用力，能够将质子转化为中子，或者更具体地说，上夸克转化为下夸克，反过来也可以。就在这个过程中，中微子被创造出来。携带弱相互作用力的是 W 玻色子和 Z 玻色子，在标准模型里，这部分被用来计算宇宙热大爆炸后 3 秒钟里的质子 / 中子比。前 3 秒过后，温度和密度下降到弱相互作用可以使质子转变为中子。

还有另外两个粒子家族，除质量以外其他各方面都与第一个粒子家族完全一样。以粲夸克（在夸克里第三重，质量为 1.25GeV 左右）为例，与上夸克有相同的电性与电荷量，但是比上夸克重得多。同样，μ 子与电子相同，只是质量更大。造成这种不同形式的原因还不清楚。另一方面，大爆炸核合成理论的又一项伟大成就是提供了最强有力的约束，并没有创造出更多粒子家族。大爆炸核合成时期的膨胀速率受宇宙中质子和中子的密度所支配。如果在标准模型里的三种中微子以外还存在另外一种中微子，那么宇宙的膨胀速率就会变得不同，这样大爆炸核合成的时间也会有所不同，于是相应地，对氢、氦和氘等元素丰度的预测也会变得不同。

拼图中的最后一片是希格斯玻色子，2012 年在位于日内瓦的欧洲核子研究中心大型强子对撞机中被发现。根据标准模型，粒子通过与希格斯玻色子的相互作用获得质量。对此，许多物理学家也提出了观点，中微子的质量相较于其他粒子实在太小，可能起源方式上有所不同，有人认为这可能需要超越标准模型的物理学才能解释。

标准模型具有很强的预言性——希格斯粒子就是其预言之一——但可以肯定它并不是完美无瑕。例如，标准模型中没有包含暗物质粒子。模型既没有解释为什么它们的强度就表现为力，也没有解释为什么物质粒子以某种方式与希格斯玻色子进行相互作用。总而言之，有大约 30 个数字需要在实验中测量或者“人工输入”才能描述粒子的行为。

我们并不知道标准模型里的粒子是否应该作为最基础的结构来考虑，意思是说，它们是否真的就不存在结构了，是否真的就没有更小的组成成分了。我们能拍胸脯说的只能是：我们现有的超级显微镜，也就是超级强子对撞机已经是最强大的了，但并没有辨识出它们有更小的结构。

下图： 12 种基本粒子、4 种规范玻色子和希格斯玻色子组成了粒子物理标准模型。所有的常规物质的粒子都有相应的反粒子，此处并未表示

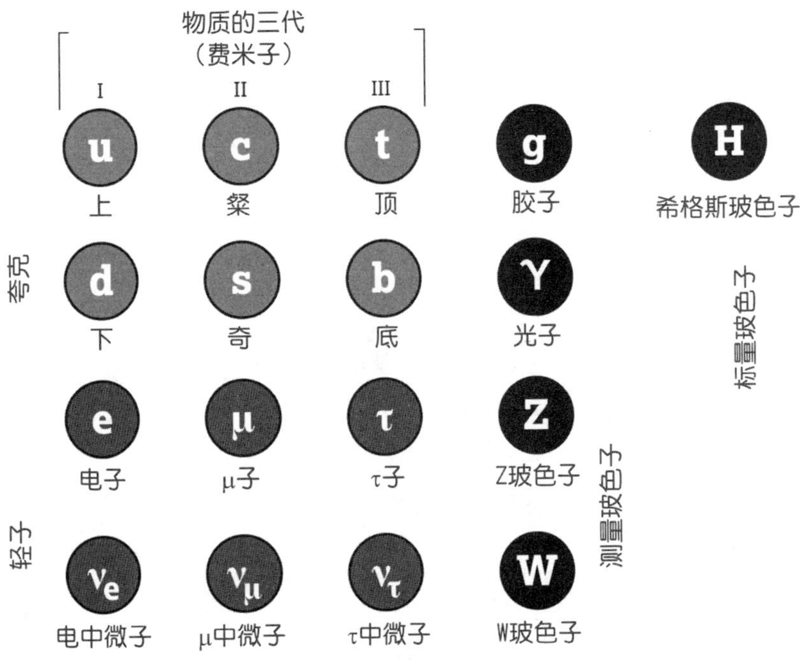

下图： 这张图显示的是希格斯玻色子被发现时由欧洲核子研究中心的科学家所记录下来的许许多多粒子的撞击事件

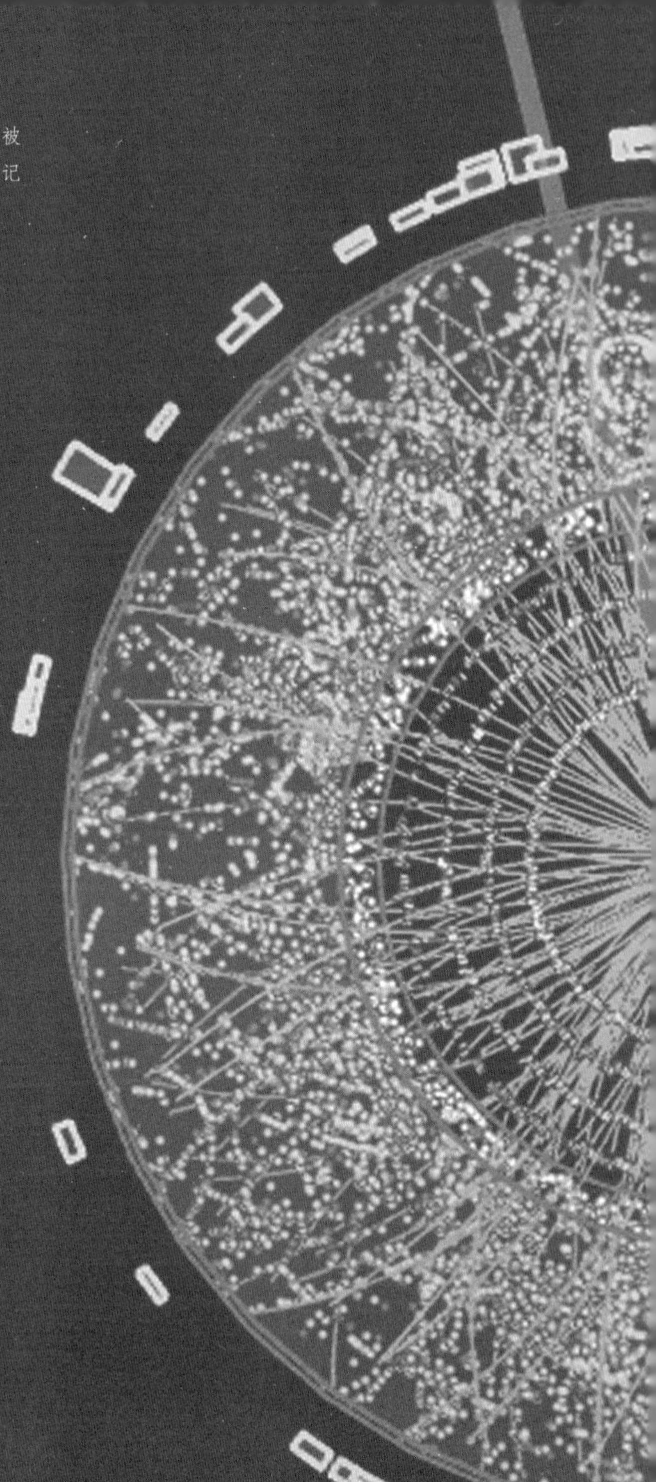

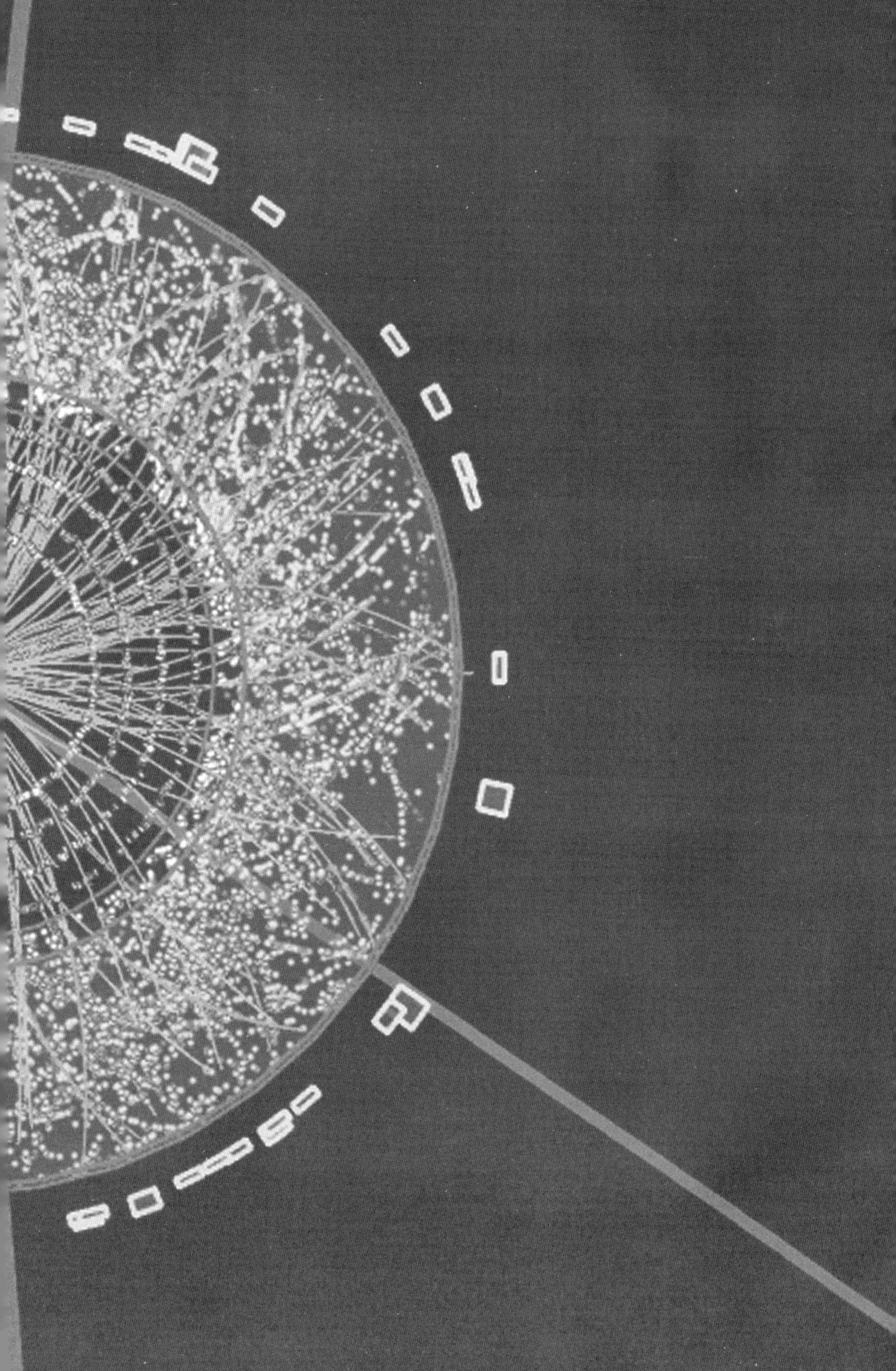

广义相对论与弗里德曼方程

爱因斯坦的广义相对论发表于 1915 年，是现代宇宙学的基础。广义相对论可以被应用于整个宇宙，而仅仅是基于一条简化的假设，即在宇宙大尺度结构上物质与能量的分布是等价的。爱因斯坦的方程则可以简化为宇宙学中最有用的一条——弗里德曼方程：

$$H^2=\frac{8\pi G}{3}\rho-K\frac{c^2}{(\alpha^2R^2)}$$

H 是哈勃常数，它告诉我们宇宙在任意给定的时刻空间膨胀得有多快。这个名字并不是很合适，因为它并不是一个恒定不变的常数，基于这个原因，有时候它也被称作哈勃参数。当前哈勃常数大约为 67km/s/Mpc，其中 1Mpc 叫百万秒差距，相当于 330 万光年。哈勃常数的意思是假定两个星系相距 330 万光年，那么由于宇宙空间的膨胀，它们彼此间将以 70km/s 的速度远离。如果它们距离 1000 万光年，那么相互间远离的速度约为 210km/s，以此类推[11]。G 是牛顿万有引力常数，它告诉我们引力的强度。c 是光速。它们是大约 30 个描述宇宙特征的基本参数中的两个。在爱因斯坦的方程中，G 告诉我们对一给定的质量或能量，时空将相应地如何扭曲、弯折和拉伸。ρ 是宇宙的平均密度，由常规物质、暗物质、辐射和暗能量所决定。在宇宙的膨胀过程中，这些组成部分的每一项密度的变化形式会有所不同。比如暗能量保持恒定不变，反之，常规物质的密度则被稀释。弗里德曼方程是在用数学的方式表达我们常说的这句话：宇宙的膨胀率是由其中的物质和能量决定的。

方程式右边的形式描述的是空间的几何特征，也决定了膨胀速率。特别地，$K=+1$ 表示球面几何空间，$K=-1$ 表示双曲面几何空间，$K=0$ 表示平直空间。只有这三种可能性，因为弗里德曼方程假设物质和能量在空间中是均匀分布的；而宇宙在各个方向上是相同的，即各处同向。由于物质和能量会弯曲时空，因此在各个方向上的时空都会以某种方式弯曲。事实上，宇宙空间只能被弯曲成类似这三种形状：球形（$K=1$）、双曲面（$K=-1$）或是完美的平面（$K=0$）。也许你能在正文中看到我们如何得到宇宙临界密度的值，这是在平直宇宙中的一个特殊值 ρ：令 $K=0$，则

$$\rho=\frac{3H^2}{8\pi G}$$

变量 a 被定义为一个比例因子，当前时刻 $a=1$。在我们这个正在膨胀的宇宙中，过去这个 a 会小一些，未来则会大一些。哈勃常数可以用这个因子写作以下形式：

$$H=\frac{\dot{a}}{a},$$

其中$\dot{a}$是比例因子变化率。这样写就很清楚，哈勃常数并不是一个常数，而是会随时间变化的。

R 这个变量，是宇宙的半径。你会发现，如果我们让整个宇宙比我们可见的部分大得多，那么 R 就会非常大，于是等号右边第二项就会趋近 0，这样不管 K 是否等于 0，我们都会处在一个临界密度的宇宙中，这就是我们文中所讨论的暴胀模型面临的情况。

有了弗里德曼方程，或许你就会知道，通过远距离超新星爆发所测定的哈勃常数是如何告诉天文学家 ρ 当中少了些什么东西，最终导致了暗能量的发现。

如何烘焙一个宇宙
（需要一些时间）

原料：
虚无

方法：

制作你的宇宙前，你需要去买“虚无”，但重要的是，要选择有许多潜在能量的“虚无”。许多“虚无”在低能级超市中有售，价格低廉，因为它们没有能量，或只有很短暂的能量，所以你得花点时间到别处逛逛，还得多花点钱。

把你的“虚无”拿出来。

把烤箱时间设置到“普朗克时间”。

你会注意到烤箱的响铃时间要设置在10—37秒，这段时间里“虚无”会产生时间和空间。注意必须确认一下你的烤箱足够大，因为你的宇宙会迅速增长。

如果你的宇宙没有迅速长大和膨胀，你得赶紧确认一下是否喷洒过希格斯场。

将你的宇宙从烤箱中取出并让其自然冷却。

你会注意到暗物质和暗能量产生的污迹，但不要试图把它们擦掉，它们会向你证明非常有用。如果看不到暗物质和暗能量也不用担心，你可以在这宇宙混合物四周仔细寻找，但是它们会干扰膨胀。

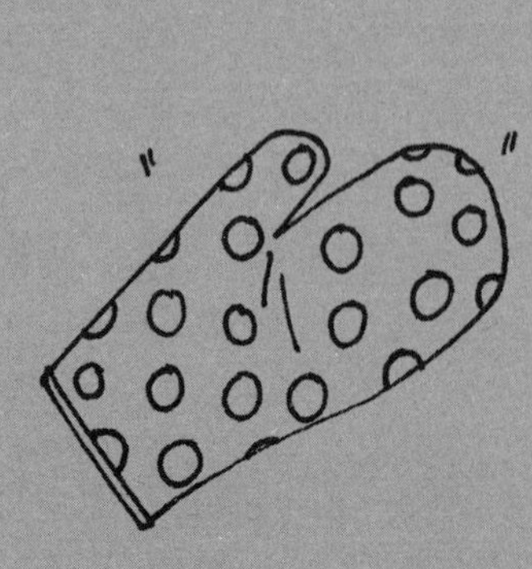

如果一切顺利，你应该会注意到四种基本力——强相互作用力、弱相互作用力、电磁力和引力产生了。如果你没找到它们，把你买的“虚无”退给超市，向他们投诉这份“虚无”并未包含包装盒上标注的原料。

大约 10 秒钟后，你应该能看到电子和正电子。你不必担心它们会湮灭，你会闻到轻微的烧焦的气味。下一步就需要耐心了，找些好书来打发你的时间，事实上你应该找所有的书来填满你的时间。这倒是阅读《尤利西斯》《追忆似水年华》的好时间。2 亿年后，你可以关闭阅读灯了，你可以使用宇宙的星光来照明。

现在该准备好制作类星体和星系了。

祝贺你！你做出了第一份属于自己的宇宙！现在，准备好，要么像恶魔一样统治它，要么完全漠不关心，随它去。

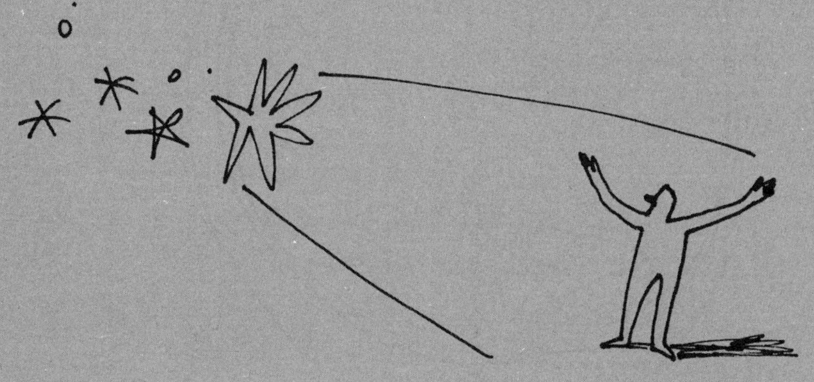

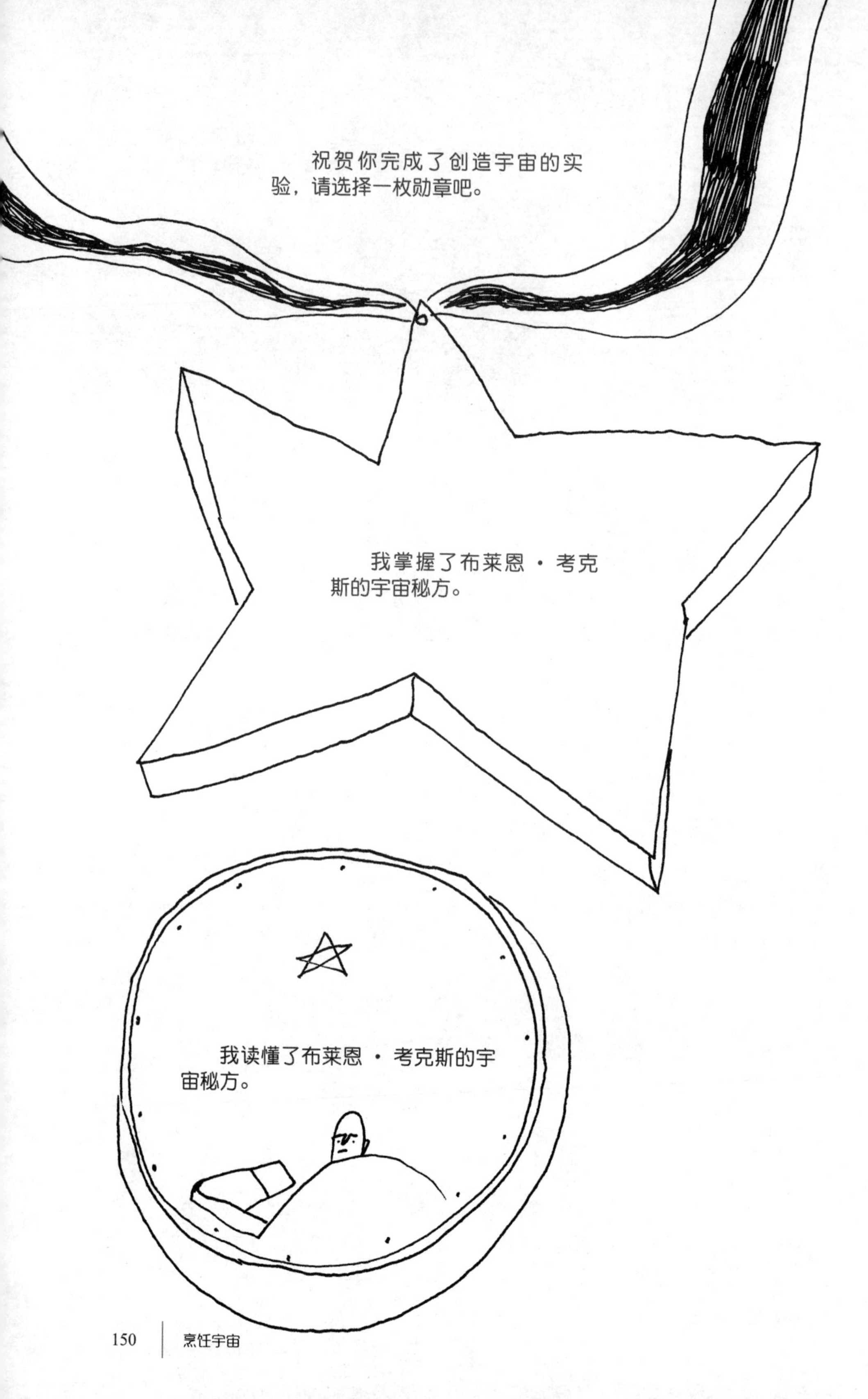
祝贺你完成了创造宇宙的实验，请选择一枚勋章吧。
我掌握了布莱恩·考克斯的宇宙秘方。
我读懂了布莱恩·考克斯的宇宙秘方。

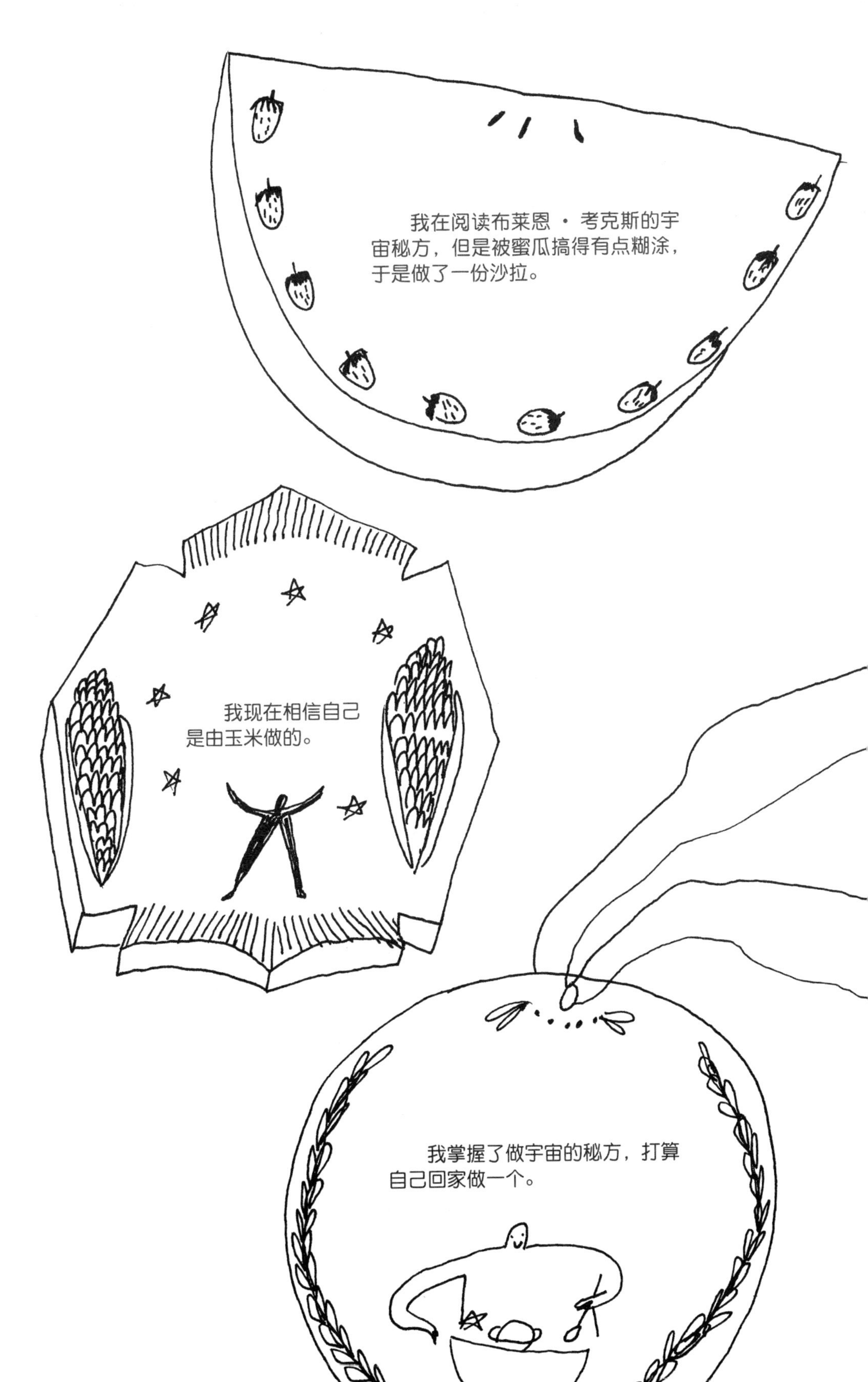
我在阅读布莱恩 · 考克斯的宇宙秘方，但是被蜜瓜搞得有点糊涂，于是做了一份沙拉。
我现在相信自己是由玉米做的。
我掌握了做宇宙的秘方，打算自己回家做一个。

注释：

［1］指古埃及赫尔摩波利斯神系中创世的八神，又叫“八联神”或“八神团”（Ogdoad），包括四位男神与四位女神，并结为四对配偶，分别是：象征着原初之水和海洋的努恩（Nun）和努涅特（Naunet）；象征着无尽生命的海赫（Huh）和海赫特（Hauhet）；象征着深邃黑暗的凯库（Kuk）和凯库特（Kauket）；象征着神秘与不可知的阿蒙（Amun）和阿蒙涅特（Amaunet）。

［2］古埃及认为宇宙诞生于原始混沌之水中的沙丘上。

［3］意思是他们都在 BBC 做节目。——原注

［4］布莱恩写下了“具体细节相当复杂，我们只能略过”这样的话，这种情况很罕见，我们还是好好享受吧。我竟然仍不能完全确定这还是不是他，我只能相信我们的制片人把他捆起来扔到柜子里去了。——原注

［5］同样也是在爱丁堡的这次活动中，另一个有趣的问题是一位老人问的：“如果戴着一条铅质救生圈，我能毫发无损地穿越黑洞吗？”很遗憾，答案是不行。他看上去很失望，我相信他在那个救生圈问题上思考了很久了。——原注

［6］通过爱因斯坦著名的方程式 $E=mc^2$ 可以将能量和质量关联起来，其中 c 代表光速。——原注

［7］暴胀场中的量子涨落最终导致了宇宙微波背景中的密度涨落，而且是可被观测的。这一预言是莫斯科列别杰夫研究所的维亚切斯拉夫・穆哈诺夫（Viatcheslav Mukhanov）和根纳季・奇比索夫（Gennady Chibisov）于 1981 年最早提出的。1982 年，在与剑桥大学格雷・吉本斯（Gary Gibbons）和史蒂芬・霍金共同主持召开的一次著名会议上，他们又重新进行了阐述。早期宇宙存在急速膨胀阶段的想法是麻省理工学院的阿兰・古斯（Alan Guth）、苏联物理学家阿列克谢・斯塔罗宾斯基（Alexei Starobinsky）和安德烈・林德（Andrei Linde）于 20 世纪 80 年代初提出的。COBE 卫星观测到宇宙微波背景辐射的密度涨落是在 1992 年，比最早的预言晚了整整 10 年。——原注

［8］实际情况并没有那么简单。伽利略决定用简单的报告推广自己的科学成果，并坚持一套特定的神学解释，而这让他走到了当时所公认的《圣经》的对立面，这才真正引起教会的不满。许多历史学家也因此得出结论，如果他“笃信科学”，同时也不脱离传统神学，那么他可能也不会在 1633 年的时候被软禁在屋子里。——原注

［9］“所有模型都是错的”这句话出自统计学家乔治・伯克斯（George Box）于 1976 年发表在《美国统计学会杂志》（*Journal of the American Statistical Association*）上的一篇论文。

［10］这是一个有关量子物理的笑话。海森堡（见后文相关介绍）提出量子的“测不准原理”，对任意一个粒子，不管用什么观测手段，要同时测出其位置和动能（速度）是不可能的。

［11］我们忽略了星系间的引力作用以及已有一定初速度下的相互靠近或远离的状态，即所谓的“天体自行”。对分隔数亿光年的星系而言，这种自行可以忽略不计，它们相互间分开的速度可以被认为完全来源于空间的膨胀。举个例子，仙女座星系是距离我们最近的大星系，大约 250 万光年远，但是它正在以每秒 110 千米的速度靠近我们（银河系）。这种自行运动超越了两个天体间空间的膨胀速率，因为从宇宙的角度来看，两个天体离得太近，于是这样的结果是，两个星系将在未来 40 亿年及更远时间内发生碰撞和并合。——原注

第四节　多世界解释

我曾经是一个只做观察的喜剧演员，但后来我发现观察会干预现实，所以我只是一个干扰别人的骗子，或者是无数给现实添乱的神中间的一个。

——罗宾·因斯

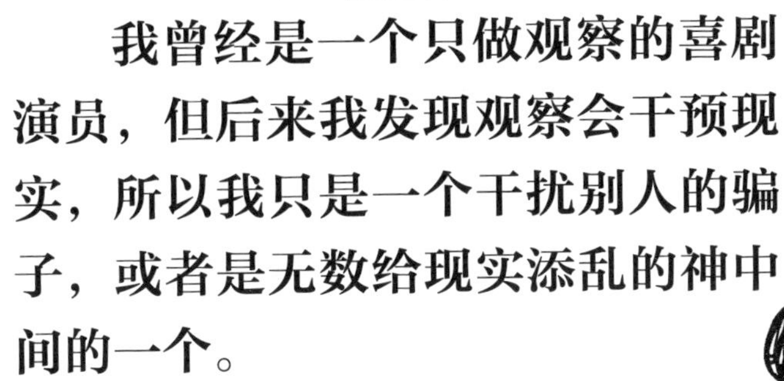

我们曾经是宇宙的中心[1]，太阳绕着我们转[2]，还有其他的行星和许多恒星作为装饰布景[3]。后来我们发现太阳是万物中心[4]，之后发现我们的太阳系是一个拥有数千亿恒星的银河系的一部分。再后来，银河系也变成亿万之众的一员[5]。与此同时，我们作为动物的身份被篡改，与所有其他肮脏的、不穿衣服的、鼻子里还呼哧呼哧的动物区别开来。我们与白鼬、孔雀鱼以及其他会打嗝儿、会繁殖的动物一样有着共同的祖先。不过，至少我们可以支配自己的思想和行动。然而有研究认为，我们只不过是相信自己做出的是有意识的决定，大脑只不过创造了一个故事，让你认为自己可以支配。如果神经科学还不能让你摆脱这种傲慢，那么量子力学有一种解释，每一个决定都意味着存在一个分支，你可以做出任意一个分支上不同版本的决定——这种选择是自由的。你所做出的每一个决定，都只是这个世界里的，你的决定让事情以某种特殊方式进行下去，而事实上，你判断的时候已经把世界分割成很多个。这种情况一次又一次地发生[6]。

你决定停下手上的活，把这本书浏览一遍。

你决定不看这本书，而是挑一本大卫·艾克[7]的书。

几年前，你决定成为国际独轮车骑手，甚至不曾进入过书店。

不要面对菜单过于纠结到底点些什么，因为你已经吃过每一道菜了，尽管

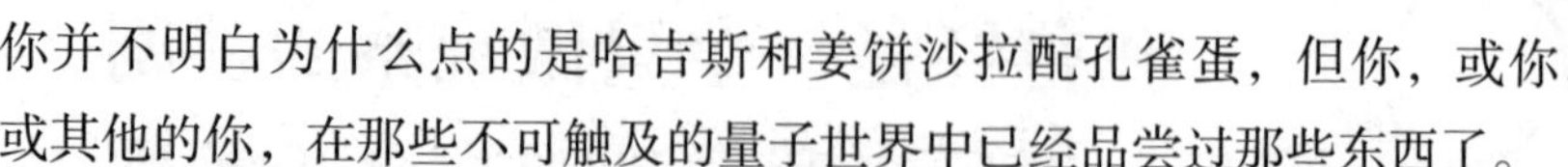

你并不明白为什么点的是哈吉斯和姜饼沙拉配孔雀蛋，但你，或你，或其他的你，在那些不可触及的量子世界中已经品尝过那些东西了。

实事求是地说，我们并不确定多世界对你的生活方式有什么哲学上的意义，除非你的生活必须依赖于封装在手表中的量子计算机。

在这个世界上，我一定是和一个错误的人结了婚，希望在大多数的量子多重世界中，我选的是别人，或者是生活在一个可以近距离听见鲸鱼歌唱的与世隔绝的洞穴里。这种想法能让你找到一丝安慰吗？

> 我很喜欢这种状况，因为这意味着在某个地方，我完成了自己的博士学位。
>
> ——本·米勒，第 10 季第 5 集（2014 年 8 月 4 日）

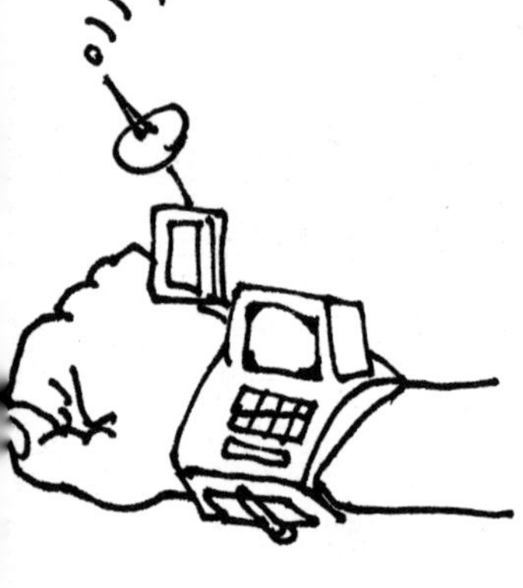

在一次现场秀节目里，我们简单地讨论了自由意志和平行宇宙的可能性，一位听众递上一封信。他有一个浪漫的窘境。他想在某一天约某人出去，如果自由意志是一种假象，那么这样就显得没有意义了。我们回答，即便告诉你理论上讲自由意志就是一种假象，你也可能仍然无动于衷。我们补充道，假如量子理论的多世界解释是正确的，那么至少在某些世界中，他会约某人出去，在另一些世界中，他可能会去游泳，然后可能会结婚，会很开心，而又在另一些世界中，他可能被人谋杀。

几个星期后我们收到了一封回信："非常感谢你们（感谢表示讽刺）。我约她出来，她当着我朋友的面拒绝我，我看上去就像是个白痴。我讨厌科学。"自那以后，我们再也不在《无限猴笼》里做心理辅导了。

如果存在无数平行宇宙，包含了所有的可能性，那么从逻辑上讲，也一定存在着一个平行宇宙，其中不存在平行宇宙。我很好奇那个是否就是我们所处的宇宙。

——约翰·劳埃德，第 6 季第 5 集（2012 年 7 月 16 日）

多世界解释与平行宇宙并不相同，尽管它也表示一个无限大的宇宙存在许多子宇宙。如果宇宙是无限大的，现在正在发生的每一件事情，也在别处发生。这有别于暴胀平行宇宙，后者认为宇宙并不是唯一的，可能有着其他“泡泡宇宙”，遵循着不同的物理定律 [8]。多世界解释来源于量子行为（这一段，各位读者，你会意识到是罗宾而不是布莱恩写的，但是在另一个宇宙里，布莱恩写了这一段，而且写得更清楚 [9]）。每一种新的可能，每一个潜在的决策都处在叠加状态。当我做出决定的时候，波函数坍缩了 [10]，死猫 / 活猫的问题在我们身上真实上演，但不是说真的有一只猫死掉了。多世界解释认为猫咪的生死问题会存在于各种变化中，就好像处在不同的世界。虽然有一个世界正泪流满面地准备猫咪的葬礼，而另一个世界正在振臂高呼，沉浸在猫咪带来的生活乐趣中，哪怕全家人都不太明白为什么老爸把猫咪放在头等位置 [11]。

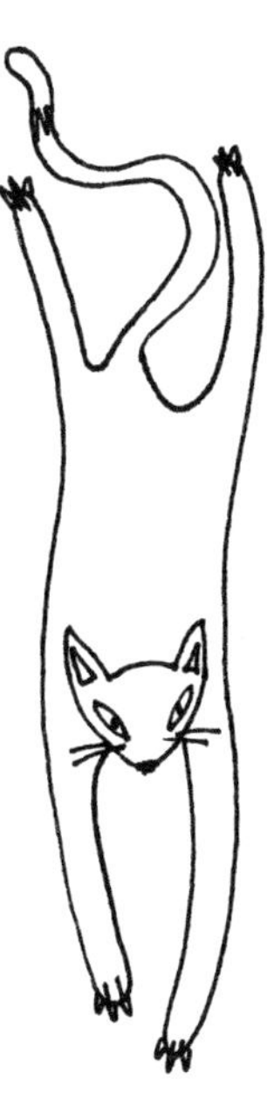

还存在其他的宇宙，那里没有人类，没有科普节目。但愿不会如此，布莱恩。

——本·米勒（Ben Miller），第 10 季第 5 集（2014 年 8 月 4 日）。

我在英国一份报纸上用通俗的话语写了薛定谔的猫，但是我犯了一个错误，在报纸发表后的一天，我查看了网页的后半段内容。人们很愤怒，那个“外国科学家”“可能还得到欧盟资助了”，一定是收了人家的钱，以粒子物理学家之名对猫实施折磨[12]。我的错误在于与他们起了冲突，解释说这是一个思想实验，猫是虚构出来的，至少在这个宇宙中是这样的。这让人们更加狂躁——“收了好处的外国科学家想要杀猫，真是不可理喻。”

我窥测到其他宇宙里的留言比这里积极得多。

> 我能感觉到有许多快乐的约翰·劳埃德在其他宇宙中悠然自得。比如，我可能会拥有一个爵士或贵族地位，我会很欣慰。
>
> ——约翰·劳埃德，第6季第5集（2012年7月16日）

在我看来，多世界类似白日梦或是推理小说之类的东西[13]。想象另一些现实情况倒也是件挺有趣的事情，但最好不要拿来作为逃避我们现实生活的借口。多世界解释也给我们提供了另一个阅读菲利普·迪克作品的理由。

注释：

[1] 布莱恩：并不是。只不过我们想象自己位于宇宙中心。——原注

[2] 布莱恩：也不是。见上一条注解。——原注

[3] 布莱恩：如果你认为“许多”是指1024，那么我就放过你。——原注

[4] 布莱恩：不，太阳并不是一切的中心（见注解［1］、注解［2］），甚至它还不是太阳系的中心，只不过太阳系的质量中心在太阳内。——原注

[5] 布莱恩：赞！——原注

[6] 布莱恩：无数个量子叠加的罗宾应该叫什么名词？——原注

[7] 大卫·艾克（David Icke）是英国著名作家和演说家，BBC电视体育节目主持人，致力于研究“新世纪阴谋论”，出版过16本著作，拍过6部纪录片。

[8] 布莱恩：关于暴胀平行宇宙的讨论请参见“烹饪宇宙的秘方”一章。

[9] 布莱恩：如果他们看注解的话，肯定已经知道这段话是罗宾所写，不过没人看注解。

[10] 布莱恩：量子力学的多世界解释中波函数并不会坍缩。看看上一条注解。

[11] 布莱恩：关于量子力学的多世界解释的不太艺术化的讨论请参见本书第二章。

[12] 布莱恩：我无法理解，为什么“外国科学家”由欧盟资助会引起人们的不满呢？还有另外一种推测，“外国科学家”不是由欧盟资助，而是由英国独立提供经费支持，我敢肯定你所提到的那帮人会发现那样子更令人反感。

[13] 布莱恩：反对。啊，不管啦。我不会再添加注释了，还是读读菲利普·迪克的书吧。

第四章

太空探索

第一节 一种不同的视角

为什么要飞向太空？

载人航天是一项意义重大却容易引发分歧的事业。说它意义重大，是因为它代表了我们这个世界对于物理边界的探索，并经受其所带来的所有挑战与浪漫；而说它容易引发分歧，则是因为它非常昂贵。我个人的观点是，载人航天对于我们的未来至关重要。在久远的将来，在地球之外工作和生活对于我们十分重要。在某些时候，我们需要偏转小行星的轨道以便幸存下来，我们必须获取新的原材料并向火星乃至更遥远的地方扩张。而我想要特别指出的是，这里所说的“将来”其实就是接下来的几十年。

谈到载人航天，首先需要指出的一点是，我们已经从事这项事业超过半个世纪，并对此相当熟悉。其中最大的一次任务当属阿波罗计划（Apollo Program），它是从单座的水星计划（Project Mercury）为基础发展而来的。水星计划期间，艾伦·谢泼德（Alan Shepard）在1961年5月成为首位进入太空的美国人。当然，阿波罗计划的背后也离不开约翰·肯尼迪总统（John F. Kennedy）的支持。在谢泼德进入太空的同月，肯尼迪总统在美国国会发表演说，为阿波罗计划注入了它所需要的关注度、资金和雄心壮志。

> 我相信这个国家应当致力于达成一个目标，那就是在这个10年结束之前，将人类送上月球并安全返回地球。这一时期的任何其他航天项目都不可能比这更让人印象深刻，或在长期太空探索方面更具重要性；当然，也不会有任何其他项目比它更加昂贵，更加难以实现。

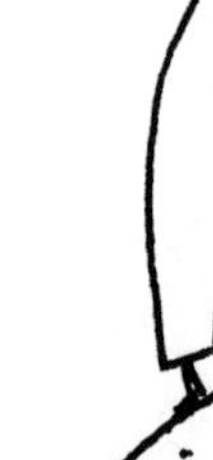

值得注意的是，肯尼迪用了一个词“昂贵”，它出现在一位政客申请经费的报告中是不同寻常的。然而，“花费”和“投资”两者之间是存在差异的，而载人航天将这种差异放到了聚光灯下，很少有政客能够意识到这一点。

在 1989 年，当时的乔治 • 布什总统（George H. W. Bush）将阿波罗计划形容为“自达 · 芬奇购买了他的画板以来最成功的投资案例”。从研究开发经费标准来看，20 世纪 60 年代的美国航天局预算是相当可观的，但与当时的政府总开支相比，并不算突出。阿波罗计划的耗资总额按照今天的价格大约是 2000 亿美元，在其开支最高峰的 1966 年，该计划大约占据联邦总预算的 4.41%，相当于今天的 400 亿美元。做个对比，这一数字还不如英国一年的债务利息支出。

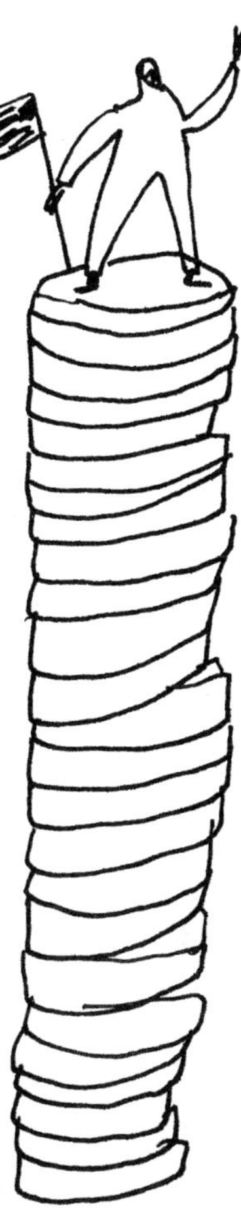

关于该项目的投资回报，有很多学术研究。其中被引用最广泛的是由大通计量经济研究所（Chase Econometrics）在 1976 年进行的一项研究，该研究认为美国航天局研发预算的投资回报率大约是 43%。而其他研究给出的结果也相似，认为在那个 10 年内，美国航天局每投资 1 美元，大约会产生 7—14 美元的投资回报。如果着眼更加广泛，你便不难理解这些投资回报体现于何处。

阿波罗计划代表了科学与工程领域高价值、高技能工作的一次强大的经济刺激，这一效应很快扩散到了整个美国。阿波罗计划支持了超过 2 万家企业的 40 万个高技能工作岗位，当阿姆斯特朗和奥尔德林漫步于月球表面时，地面控制中心的工程师们的平均年龄是 26 岁。

在阿波罗计划结束之后，这些工程师们并没有消失，而是扩散到了更加广泛的经济体系内，在波音、通用电气、洛克希德 • 马丁和其他或大或小的航空航天与技术公司工作，从而为美国在 20 世纪的最后 20 多年里，在经济与技术方面的统治地位奠定了基础。

LIVE FROM THE MOON

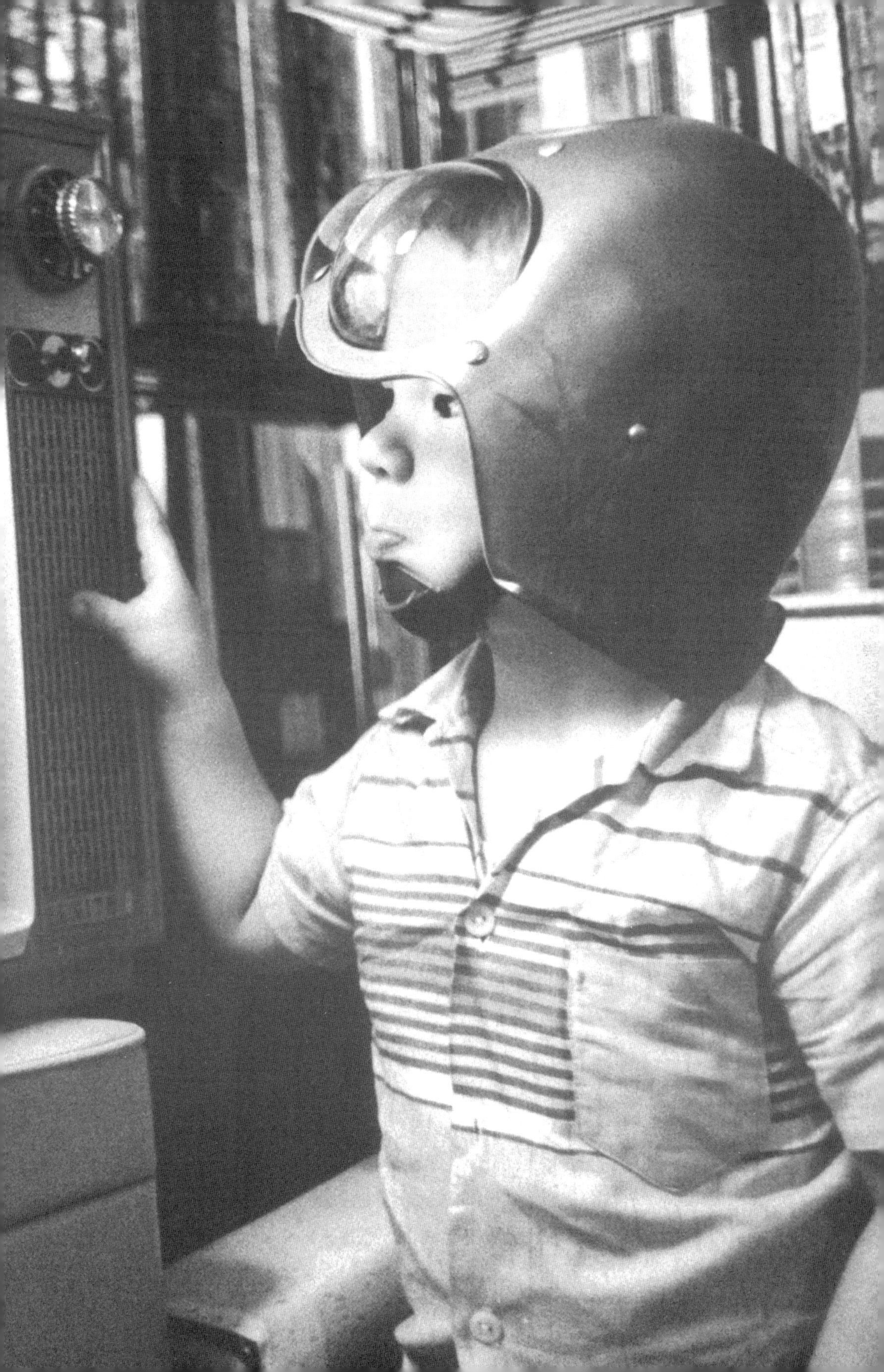

当将这些因素考虑在内，载人航天就不再显得那样昂贵了。如果没有执行登月计划，美国 1980 年的国内生产总值（GDP）数据肯定会更低，除非能够想出某种更好的投资战略。从这个意义上说，如果当年我们没有登月，那么我们付出的代价会更加昂贵。但是，我之所以认为载人航天非常重要，主要原因却并非出自经济回报方面的考虑。

1962 年 9 月 12 日，美国总统肯尼迪在莱斯大学发表了他最广为人知的登月演讲。为什么要前往月球？以下便是肯尼迪的回答。他说这些话的时候满怀激情，甚至有一种近乎天真的乐观主义——或许并不能用“天真”来描述，因为这项任务最后真的实现了。

> 我们扬帆驶入这片陌生的太空之海，因为那里有新的知识要去获取，那里有新的权利要去争取，而我们必须赢得这些知识和权利，并将其用于促进全人类的进步。因为太空科学与核科学或其他任何科学技术一样，本身并无善恶之分。太空科学将成为善的力量还是恶的力量，取决于人。而只有当美国占据优势地位时，我们才能决定是将这片新的太空之海变为和平之海，还是将其变成恐怖的新战场。

以上这段话本身就值得进一步讨论，因为其中内涵丰富。我们优先去做某件事，是因为“那里有新的知识要去获取”。但是在 21 世纪，当我们申请一笔研究经费时，科学家却不得不填写一份满是陈词滥调的表格，其目的便是要打动政府部门里的那些社会科学家，这些人发明了诸如“影响途径”和“可计量性”之类的名词。我们致力于研究与探索的主要目的是获取新的知识，知识本身便是奖励。正如肯尼迪总统所说的那样，科学本身并无善恶之分。而在一个民主国家里，社会将决定它们的使用方式。

在这一方面，政府承担着重大责任，因为我们必须确保对教育的投资，以便让大众有能力做出知情选择。对于政府来说，做到这一点要比下发更多文件更加困难，

但毫无疑问将更有价值。

以下是肯尼迪总统接下来的演讲，他将探索与教育明确地联系了起来，并谨慎地将新知识的产生与服务社会的潜在实用价值进行了区分：

> 通过我们所获得的关于宇宙和环境方面的新知识，在学习、测绘和观测方面发展出来的新手段，以及应用于工业、医药、家庭与学校中的新工具，我们的科学与教育发展将会充实和丰富，而像莱斯大学这样的技术院校将受益于这些成就。

在肯尼迪的演讲中，“获取新的知识”之后紧跟着同样重要的“争取新的权利”。罗伯特·祖布林（Robert Zubrin）在他极具远见且极富影响力的著作《赶往火星》中指出，对火星的殖民可能导致的最重大后果将是产生一个完全独立于地球文明的新的人类文明。他们在火星的生活面临着独特的生理、心理和技术上的挑战，同时远离地球上复杂的社会与地缘政治历史。在这样的情况下，这些殖民者将更有可能避免几个世纪以来困扰人类的痼疾，同时充分利用数百年来人类所积累的知识与进步。这种挑战与自由的混合并存，或许将让他们发现对于公民权利和义务的全新定义，并找到组织社会的全新方式。

他们将白手起家，建起一个年轻而充满活力的崭新文明。或许他们将会变得更加装备精良，以便如肯尼迪所说的那样，确保这片新的太空之海成为和平的海洋。

开辟新边疆的想法听上去似乎很“美国”，因为这似乎印证了这个国家近期的历史，但对于在太空中创造更美好的未来的乐观主义想法也被苏联人所分享。

在肯尼迪总统演讲的前一年，1961 年 4 月 12 日，苏联的尤里·加加林（Yuri Gagarin）登上“东方 1 号”火箭，一举开启人类的载人航天时代。在行将出发之时，加加林说了这样一番话：

Feature Index

	Page		Page
Abby	14	Editorials	4
Amusements	6	Sports	22
Comics	25	Society	5
Crossword	28	Want Ads	26
Jumble	14	Radio-TV	26

28 PAGES TODAY

The Huntsville Times

Where Progre[illegible] ... Covers The [illegible]

VOL. 51, NO. 21 — CHICAGO DAILY NEWS SERVICE — HUNTSVILLE, ALABAMA, WEDNESDAY, APR. 12, 1961 — ASSOCIATED PRESS — WIREPHOTO — 45c PER[illegible]

Man Enters Spac[e]

'So Close, Yet So Far,' Sighs Cape

U.S. Had Hoped For Own Launch

CAPE CANAVERAL, Fla. (AP) — The Redstone rocket which the United States had hoped would boost the first man into space stands on a launching pad here. The Soviet Union beat its firing date by at least two weeks.

"So close, yet so far," commented a technician who is helping groom the Redstone to send one of America's astronauts on a short suborbital flight, hopefully late this month or early in May.

"If we hadn't had those troubles last fall and on the chimp and Little Joe shots this year, we might have made it," the technician said.

"But you have to give the Russian scientists credit. They've accomplished a remarkable breakthrough."

Dr. Hugh Dryden, deputy director of the National Aeronautics and Space Administration, told the House Space Committee in Washington Tuesday that the earliest possible date for the manned launching is about April 28.

Project Mercury officials had hoped to achieve a maneed Redstone flight last December or January. A series of launch mishaps necessitated additional launchings to qualify the system.

On Nov. 8, a space capsule failed to separate from a Little Joe rocket fired from Wallops Island, Va., in a test of the escape system.

Two weeks later, a Redstone fizzled because of a faulty connection which caused the escape tower to fire, leaving the rocket and capsule on the pad. This test had to be repeated before Ham, the space chimpanzee, was sent up on a short trip Jan. 31.

An engine thrust regulator stuck on the chimp shot, creating excessive thrust which lofted the chimp, Ham, higher and farther than intended. Another Redstone was fired to prove out corrections made in the regulator, again delaying the manned trip.

Another setback occurred March 18 when a repeat of the Little Joe escape test fizzled. Another try is set for about April 20 and must succeed before the Redstone now on the pad hurls aloft an astronaut.

* * *

By ARTHUR J. SNIDER
Chicago Daily News Science Writer

The momentous Russian achievement has taken some of the zest out of the buildup for the first American astronaut's rocket hop down the Atlantic missile range.

There had been hope, swelling each day, that the United States might slip the first human being into space ahead of the Soviets.

For many months — ever since last fall — it had been expected that the Russians would cash in on their capability and launch a space man at any time.

But as the weeks went by and nothing happened, American [illegible] began [illegible]

Turn to Page 2, Column 3

Hobbs Admits 1944 Slaying

By BOB WARD
Of The Times Staff

Isham D. Hobbs confessed today to the brutal murder in 1944 of Mrs. Margaret Thornton Fleming, Circuit Solicitor Macon L. Weaver said.

Hobbs, now 43, is held by Air Force authorities at Eglin Air Force Base, Fla. He signed a statement there detailing his knife-slaying of the prominent 52-year-old widow, Weaver said he learned from Air Force officials.

* * *

The suspect, who has undergone psychiatric treatment by military authorities since Feb. 6, has recovered his memory in full, Weaver was told. Psychiatrists said Hobbs' apparent amnesia resulted from "hysteria" rather than from any medical cause.

Hobbs, who attempted suicide last November at Bartow, Fla., and was then exposed as a longtime fugitive, will be returned to MacDill Air Force Base, near Tampa, Fla., from Eglin AFB.

Weaver plans to travel to MacDill tomorrow, he said.

Hobbs, accused also of deserting from the Army Air Corps in October, 1943, reportedly will be court-martialed, and released to civil authorities here. He was wanted for desertion and was still at large when the murder charge was brought against him in May, 1944.

* * *

Hobbs told Eglin authorities he was living in a cave in the mountainous region near Mrs. Fleming's home north of Farley when the killing occurred, Weaver said.

He stated he went to the Fleming home in an effort to get a shotgun he believed to be there. Finding Mrs. Fleming's daughter, Vivian, asleep when he broke into the house before dawn, he decided to knock her unconscious and spirit her away to his cave, he stated.

The blow he struck the 21-year-old girl was [illegible] attracted Mrs. Fleming and her [illegible] Thornton, Hobbs reportedly said.

Hobbs stated he panicked [illegible]

This is Russian Maj. Yuri Gagarin, history's first man in space. The Russians today rocketed him around the earth in an orbit taking slightly less than 90 minutes and brought him back safely to a prearranged spot in the Soviet Union. (AP Wirephoto via radio from Moscow)

Praise Is Heaped On Major Gagarin

First Man To Enter Space Is 27, Married, Father Of Two

LONDON (AP)—Moscow television presented a picture of the Soviet Union's first space man today, describing him as a man with "a good honest smile."

The portrait of Maj. Yuri A. Gagarin was shown and then came this broadcast comment, repeated by Moscow radio:

"For those who did not see this picture we should like to give a description of this splendid man.

"On the screen appears the image of a man aged about 25-28 with a kind, Russian face, eyes set well apart, fine bushy brows and high forehead.

"He wears a flying helmet, a light overall suit. He smiles a good, honest smile. And is there any need to add that this man who has been the first to dare to fly to space, to reach for the stars, to look down on our earth, is a man of a very great and very real character. This is evident in his smile, in the intelligent, fine eyes."

* * *

Gagarin was 27 just a month ago.

He is married to Valentina Gagarina, 26, who also has a scientific background. She was graduated from medical school at Orenburg.

They have two daughters, Yelena, 2, and Galya, just a month old.

* * *

The cosmonaut has an ideal Soviet background: his father, a joiner, his mother a housewife.

Gagarin was born March 9, 1934, in the Gzhatsk district or [illegible]

Turn to Page 2, Column 2

'Worker' Stands By Story

LONDON (AP) — The Daily Worker, Communist party paper in Britain, said today it is standing by its story that the Soviet Union launched a man into space last Friday.

* * *

A spokesman for the editor said: "Our story came from good sources. All we know is what we published today. Now of course there is this one."

By "this one," he referred to the Moscow announcement that Maj. Yuri A. Gagarin made an orbital flight around the earth today in a five-ton space ship and returned safely.

* * *

The Worker said in this morning's edition that the Soviet Union sent an astronaut aloft last Friday on three trips round the world, brought him back alive and then put him under treatment for after effects. He was identified in the story as the test pilot son of a top-ranking Soviet aircraft designer. Gagarin is the son of a farmer.

The party organ said the official announcement of the flight would be made today.

Reds Deny Spacemen Have Died

By THE ASSOCIATED PRESS

Have some Soviet astronauts been killed in space flight experiments before Yuri A. Gagarin's sensational trip?

No, Soviet officials insist.

But some Western sources say they believe one or a few Russians did perish in unsuccessful attempts. Brig. Gen. Don Flickinger, head of the medical section of the U.S. Air Force astronaut selection and training program, says he thinks so.

"Utter fabrication," is the Soviet reply.

Soviet Officer Orbits Globe In 5-Ton Ship

Maximum Height Reach[ed] Reported As 188 Miles

MOSCOW (AP)—A Soviet astronaut has orbited the globe for more [than an] hour and returned safely to receive the plaudits of scientists and politic[ians] alike. Soviet announcement of the feat brought praise from President [Kennedy] and U.S. space experts left behind in the contest to put the first man [into suc]cessful space flight.

By the Soviet account, Maj. Yuri Alekseyvich Gargarin, rode a spaceship once around the earth in an orbit taking an hour and 29 m[inutes]. [He] was in the air a total of an hour and 48 minutes.

The whole sequence of events and the announcements relating to it raised a number of questions. The Soviet announcement said the flight took place today between 9:07 and 10:55 a.m., but some persons in Moscow's Western colony were skeptical that the feat actually came off today.

There was a curious sequence of events leading up to the announcement.

Rumors had been circulating several days that the space coup had been pulled off. Two days ago, Soviet TV technicians moved into the Central Telegraph Office with the evident purpose of getting pictures of correspondents in action as they reported such a story. There were various reports, none verifiable from official sources, that the flight had been made.

* * *

Then Tuesday night the Daily Worker, London Communist newspaper with apparently sound connections in Moscow, reported that the flight took place last Friday. In splash headlines, the Daily Worker heralded "the first man in space," saying he had completed three orbits before returning to earth suffering from "aftereffects of the flight."

* * *

That led up to today.

About 9:30 a.m., Western correspondents were tipped off to be listening to their radios at 10 a.m. The announcement came at 10 a.m., saying the astronaut still was in orbit. At two intervals the radio broadcast messages, reportedly from him over South America and Africa.

Then came the announcement that the spaceship had been called back to earth.

Some in the Western colony expressed wonderment that the Soviet Union, with its tight control over communications, would take such a chance—announcing the flight before a successful completion.

* * *

As these skeptics saw it, the event would have turned into perhaps the most publicized disaster in history if anything had gone wrong between 10 a.m. and the announced time of landing, 55 minutes later.

That led them back to speculation whether the London Daily Worker knew what it was talking about in reporting the space flight [illegible]

Turn to Page 2, Column 5

VON BRAUN'S REACTION:

'To Keep Up, U.S. Must Run Like H[ell]'

Timesfoto by William [illegible]

WERNHER VON BRAUN
He Praises A Russian Achievement

By BILL AUSTIN
Of The Times Staff

A disappointed Dr. Wernher von Braun, arriving today, called Russia's space flight a tremendous thing [and called] it the "shot heard around the world."

"I'm disappointed because here again we came [in second] place," he declared.

Von Braun arrived at the Huntsville airport from Grove City, Pa., where he had addressed a college group yesterday.

He said we had hoped all along the United States would be able to place an astronaut up first, but he said Russia has an excellent space program and they demonstrated it by this flight.

"We are going to have to run like hell to catch up," he asserted.

He also said he was convinced this was Russia's first attempt to put a man in orbit, but he did not [illegible]

Turn to Page 2, Column 7

No Astron[omy] Signal Re[ceived] At Ft. Mon[mouth]

FT. MONMOUTH, [illegible] The Astro Observat[ion] [did] not receive any [signals] from the Soviet [illegible] ing the first space [illegible] spokesman said tod[ay].

The center, ope[rated by the] U.S. Army Signal Laboratories, attem[pted] [illegible] radio transmissi[ons] [from the] space ship. Officials [said the So]viet spaceman "pr[obably] not be transmitting [illegible] of the hemisphere [illegible] sending only when [over] Russia to conserve electrical energy."

Today's C[illegible]

Be friendly wi[th] [illegible]—if it weren't you would be a str[illegible]

Reds Win Running Lead In Race To Control Space

By [illegible]

[illegible] ...rat ratio between the amount of thrust required to lift a given amount of payload into orbit.

The first real indication of the size of Soviet boosters came with Sputnik III which weighed [illegible]

[illegible] engines produce a thrust of about 150,000 pounds.

At the moment U.S. hopes of obtaining rocket thrusts anywhere near those of the Soviets rest on successful operation of the Saturn booster.

[illegible]

If the Soviets cluster eight of their rocket engines in similar fashion, they will achieve a thrust of 1.2 million pounds.

* * *

While the added weight of the rockets themselves reduces the ultimate payload, the United States hopes to be able to lift 15 tons into space. With their clustered engines, the Soviets could lift [illegible]

Turn to Page 2, Column 3

我没有必要告诉你们，当我被建议执行这次史无前例的飞行任务时，我的感受是什么。是喜悦吗？不，那是某种超越喜悦的东西；自豪？不，并不仅仅只有自豪而已。我有一种巨大的幸福感。成为进入太空的第一人，凭一己之力与大自然对决——你能想到任何比这更加伟大的事吗？

但在那之后，我马上意识到自己所肩负的巨大责任：成为实现几代人航天梦想的第一人，成为为全人类通向太空铺平道路的第一人。这种责任感并非是对某个人、某些人或是某个团体，这是一种对于整个人类所怀有的责任感——不管是当下，还是将来。

——尤里·加加林

为何载人航天似乎可以在不同的社会中引发相似的乐观主义与理想主义思想，不管是在 20 世纪 60 年代迥然有异的苏联与美国之间，还是在今天千差万别的各个国家之间？

因为对于太空的探索实际上有关扩张，有关知识，有关经济，有关领土，有关对于资源的获取能力。这听上去可能会有点问题，因为在 21 世纪初，“扩张”这个词似乎已经成为毫无节制、过度消费的同义词，后者引发了社会不平等、环境破坏以及地缘政治冲突。但实际上，经济的成长和我们作为一个文明能力的扩张都是好事。

我希望生活在这样一个世界，一个人人都能获得和我一样多的资源，能够使用和我一样多的电力，享受到我所享受到的同样的教育和医疗服务的世界。我希望每个人都能够和我一样，顺利成长，得到发展。我们似乎陷入了困境，但事实并非如此。

如果你仔细观察那些经济成长所带来的负面作用，你就会发现这些副作用都是因为我们在追求发展的同时将自己限制在一个有限的舞台上（也就是地球表面上）所产生的结果。

另外，我们看到国家之间为了地球资源展开的争夺，而这将不可避免地引发地缘政治冲突。这些竞争背后都是基于一个错误的前提，那就是我们所能获得的资源是有限的，但实际情况却并非如此。

小行星带内蕴藏的金属资源足够让我们建成一座覆盖整个地球，且高度超过 8000 层的超级高楼。我们所需要的所有原材料和珍贵元素，从制造火箭燃

料的水到制造精密电路所需要的珍稀金属，都有无限的资源正等待我们去开发。

如果我们想要建造轨道殖民地或太空工厂，建设月球或者火星基地，我们根本就不需要从地球上带走哪怕一个原子。考虑到以上这些，再加上地球大气层之外无限丰富的太阳能资源，我们会发现任何在地球上发展重工业的想法都显得相当愚蠢。而这正是当代一些太空企业家所意识到的。我最近和亚马逊公司的创始人杰夫·贝索斯（Jeff Bezos）在他位于西雅图的蓝色起源（Blue Origin）公司火箭工厂内进行了一场对话。贝索斯的设想是将地球作为仅用于居住和发展轻工业的地区，以此来达到保护地球的目的。他说，我们已经造访过太阳系里的每颗行星，我们非常确信地球是其中最好的一颗，这也是为何他创办的这家公司名叫“蓝色起源”，它正是以我们这颗珍贵的蓝色星球来命名的。

航天技术的发展不会因为消耗珍贵的资源而给我们这个世界增添压力，与此相反，这是一条通向保护地球的道路——它让我们成长为一个更加富有，也更加有趣的文明，与此同时，我们却可以更少地向地球索取。

请想象这样一个世界，在这个世界里，没有因为争夺资源而引发的冲突，因为资源是无限丰富的；请想象这样一个世界，在这个世界里，我们厌倦了到处旅行，不是因为我们变得简朴起来了，而是因为我们每个人都可以随时随地去任何我们想去的地方。那样一个世界将是什么样的？那将会是一个有趣的世界，那时候的我们将会把注意力转移到一些新出现的问题上去，因为关于人类基本生存的问题已经彻底解决了。如果生活本身已经不再需要奋斗和竞争，那么生活的意义究竟在哪里？答案在这里，正如肯尼迪总统在演讲一开始告诉我们的那样，我们之所以要扬帆起航，驶向一片陌生的海域，是因为“那里有新的知识要去获取，那里有新的权利要去争取，而我们必须赢得这些知识和权利，并将其用于促进全人类的进步”。

这就是我们为何要进入太空。

NASA

第二节　太空，最后的边疆……

一
下一代

整整三代人，我们对于人类在太空中的未来生活，最生动的想象都来自以杰尼·罗登贝里和他创作的《星际迷航》系列为代表的作品，这些作品向我们描述了一个前景光明的乌托邦。

在这些作品中，我们可以看到文化上的多样性，尽管可能一开始的想法是好的，但这种多样性似乎更多体现在外星人身上，而非地球人。另外，尽管历史记录显示人类掠夺成性，但在电影中，我们人类来到其他星球，最渴望的是与当地人成为朋友并向他们学习，而非为了追求快速回报而大肆掠夺和破坏，并让外星生命在人类带去的麻疹和太空烈酒中毁灭。

在当下，"最后的边疆"这种说法正越来越常见，似乎我们已经做完了一切事情。"好了，我们已经开拓了犹他州和亚利桑那州，剩下的就只有数十亿的星系，以及在这些星系中隐藏的数十亿颗恒星，或许，我们可以去那里开几间赌场。"

当《星际迷航》中"进取号"舰长的饰演者帕特里克·斯图尔特加入《无限猴笼》栏目组时，他对我们说，他以前并非太空探索的积极拥护者，直到他看了《星际迷航：下一代》。

……因为地球上的经验告诉我们，每一次我们来到一个新世界，我们一定会把它毁灭掉。然后我看到了《星际迷航》，它让我觉得在这件事上也不能把话说得太绝对。

——《无限猴笼》第 7 季第 1 集（2012 年 11 月 19 日）

当《星际迷航》最初上映时，我们还没有登陆月球，但按照当时的设想，我们今天在太空探索方面理应走得比现在远得多。我们对于月球的了解要超过我们对于海洋的了解，我们已经抵达了火星，拍摄到越来越清晰的火星地表图像，但在接下来的几十年里，投资的步伐放慢了。我们对于探索太空的热情消减了，曾经的雄心壮志已然不再。

一旦美国赢得了太空竞赛或者登月竞赛，太空探索事业的重要性便不断被调低。很多人认为“阿波罗 11 号”是唯一一次登上月球的任务。阿姆斯特朗和奥尔德林在月面上留下他们的脚印之后，人们就再也没有回去过——虽然汤姆·汉克斯曾经尝试去过一次。

你能说出几位阿波罗宇航员的名字？阿兰·比恩？查里·杜克？谁是第一位进入太空的女性？为什么我们的媒体整天关注的都是绯闻逸事和歌舞升平，而对于太空探索却兴趣索然？我们是不是需要去做一个真人秀节目，每周把几位充满攻击性的自恋狂从飞船气闸舱里弹射到太空里去，才能让人们坐下来，引起他们的注意？你在电视脱口秀节目中看到某位前不久在某部好莱坞大片中饰演了宇航员的男演员的概率要远远大过看到一位真正的宇航员上镜。对于数学家和物理学家们，情况也大致相同：“告诉我，卷福，假装你是一位数学家会是什么感觉？”我们似乎对于那些假装在探索的人的兴趣，要远大过那些真正在探索的人。

或许我们显得有些奇怪、古板，但我们真的觉得，如果有一个曾经登上过月球，或者曾经在太空中连续飞行超过 200 天的人，那么他应该被请上黄金时间的电视节目。在我们制作的一期关于太空探索的节目中，我们邀请到了帕特里克·斯图尔特和莫妮卡·格莱迪教授作为嘉宾，我们就看到了一些好莱坞与科学之间交锋的心理状态。

莫妮卡·格莱迪是英国开放大学行星与空间科学教授，她的手上放着一小块陨石。陨石的重量让观众有些意外，它比地球上的岩石密度大一些。同位素测量结果显示，这块陨石的年龄已经高达 46 亿年，现场观众对此表现出了兴趣。但当帕特里克·斯图尔特从上衣口袋里掏出《星际迷航》的徽章时，观众们的兴趣明显要高出许多——欢呼声、喝彩声、各种大喊大叫——尤其是那个叫布莱恩·考克斯的家伙。

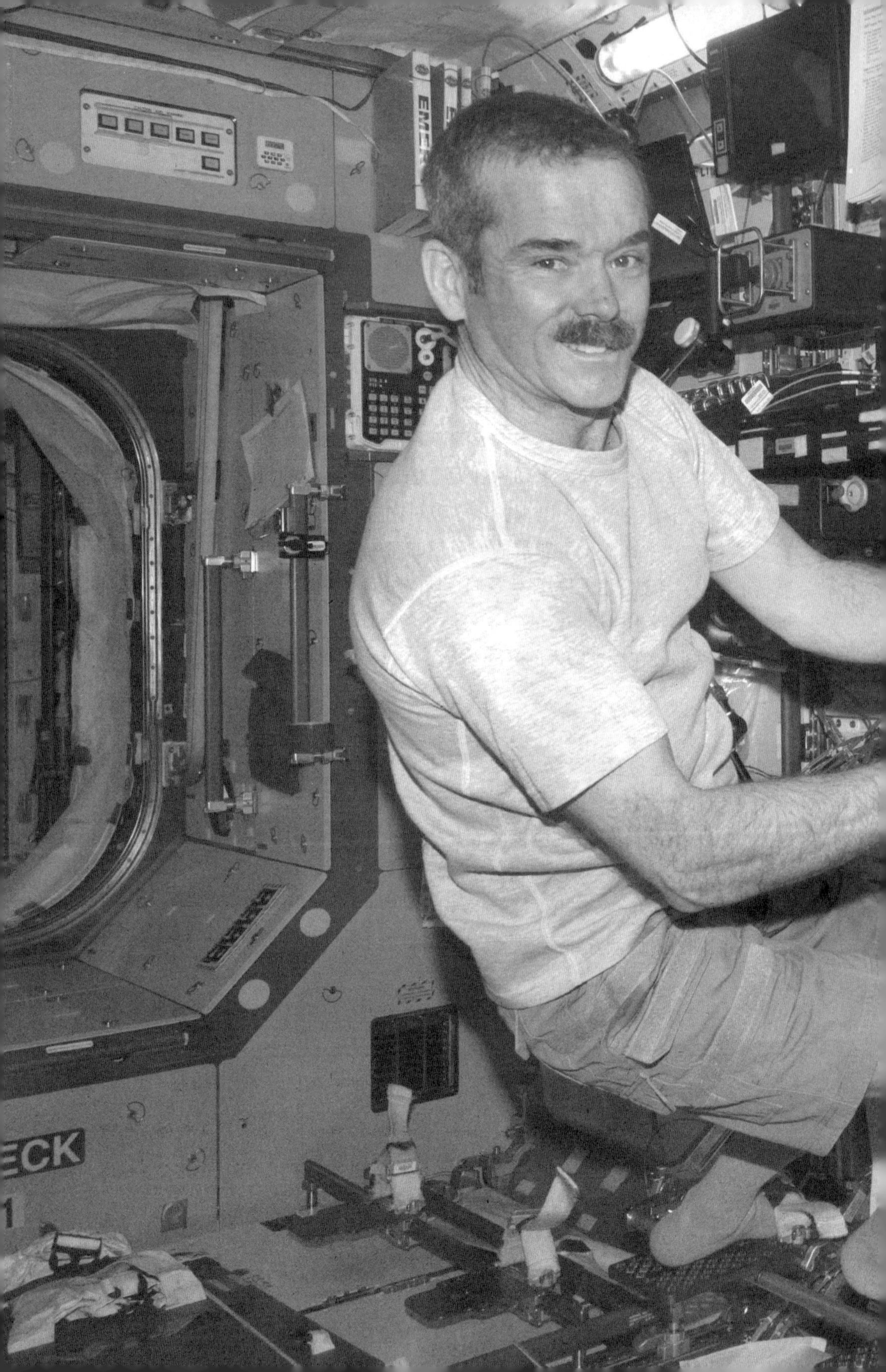

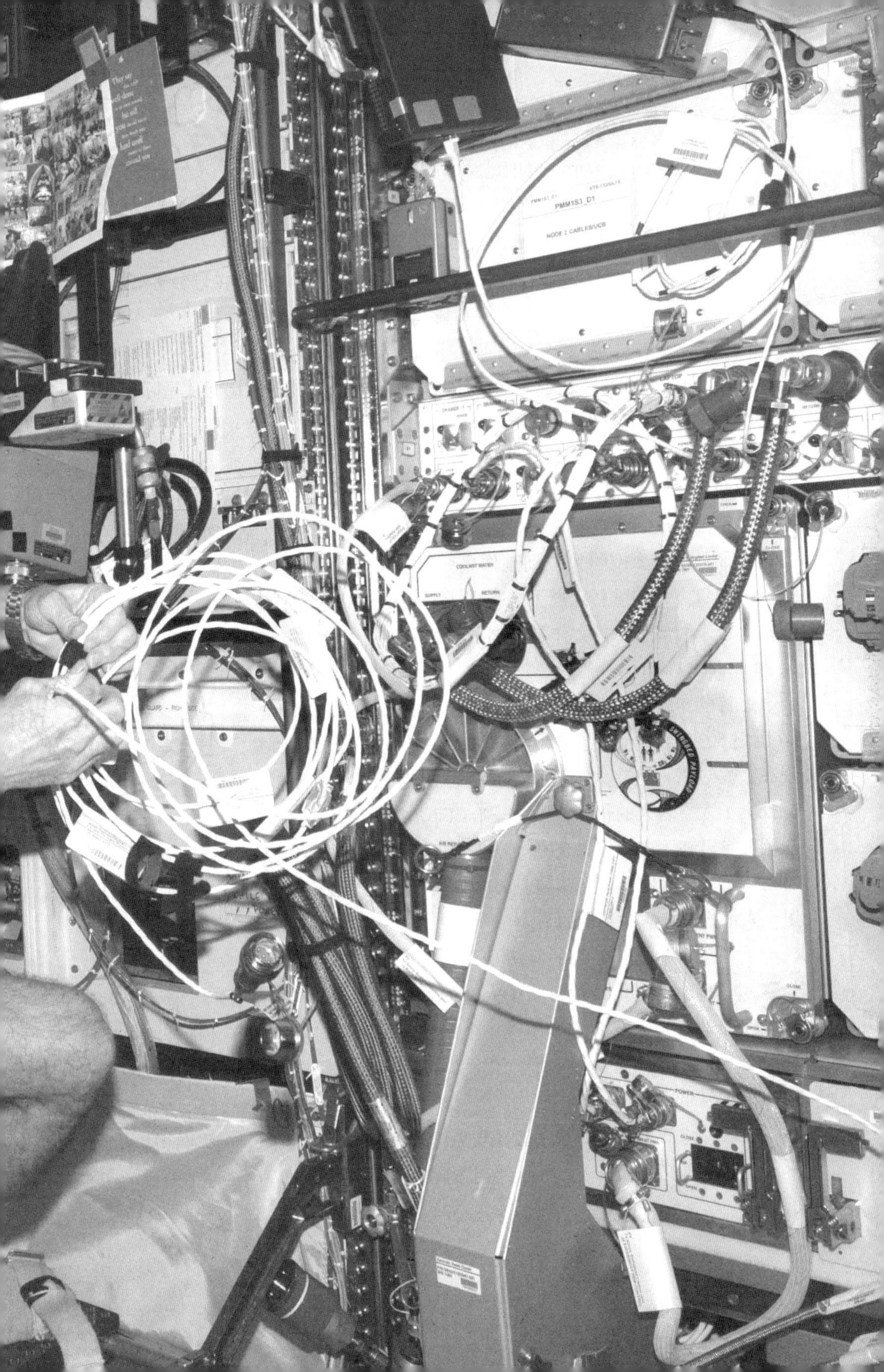
PMM1S3_D1
NODE 2 CABLES/UCB
COOLANT WATER
SUPPLY
RETURN
POWER

第 174—175 页：宇航员克里斯·哈德菲尔德在 2012—2013 年作为第 34 批与第 35 批乘组成员在国际空间站上工作，并在作为第 35 批乘组成员执行任务期间担任空间站的指令长

罗宾：我们已经谈过一些最不可思议、让人惊叹的想法，关于进化，或是关于粒子物理学，然后我们要谈的是在洛杉矶郊外的一家道具工厂生产的某样东西。你相信吗？

但这样的谴责并不会起到什么作用。陨石很酷，但比起《星际迷航》的徽章，它上电视的机会就要少得多了。

近期，我们看到宇航员再次成为热门话题。加拿大宇航员克里斯·哈德菲尔德是一位杰出的太空探索使者。他关于自己在空间站上生活的小视频涵盖了方方面面，从在太空里哭泣到制作墨西哥玉米煎饼，抓住了年轻一代的想象力，并重新点燃了老一辈人心中的想象之火。他从空间站上带来的最后一份大作是翻唱了大卫·鲍威的名曲《太空怪人》(*Space Oddity*)。

这首歌在最初发行的时候只是一首小小的单曲，但却恰逢 20 世纪 60 年代流行文化的太空狂热时期，因而被推上了巅峰。现在，反过来，将在太空演绎这首作品的克里斯·哈德菲尔德推上了太空名人的行列。指令长哈德菲尔德尤其擅长向公众阐释自己在飞向太空以及在太空生活时，在生理、心理以及在科学方面的经历与体验，这种阐释信息丰富且极具启发性，于是我们会看到全球各地的书店里，人们排着长队购买他的书。

哈德菲尔德的经历是一部关于坚韧不拔的故事。当他还是一个孩子的时候，他目睹了人类的首次登月壮举。自那以后，他在学校的每一天都在思考这样一个问题：今天我该如何做，才能让自己未来进入太空的概率最大化？即便我自己也很清楚这样的概率本身非常低。

我们曾经非常幸运地与克里斯站在一个舞台上，听他讲述从地球表面穿越大气层，并最终与国际空间站对接全过程中每一个阶段的所思所想。

当你从窗口向外眺望，你会感受到一种令人敬畏的存在。世界仿佛无所不在，却又仅此一个。你会在心里向眼前的一切默默致敬，你会悄悄飘浮到另一个人的身边，嘴里喃喃自语，感慨我们生活的世界是怎样的一个奇迹。

——圣诞节特别节目（2014 年 12 月 25 日）

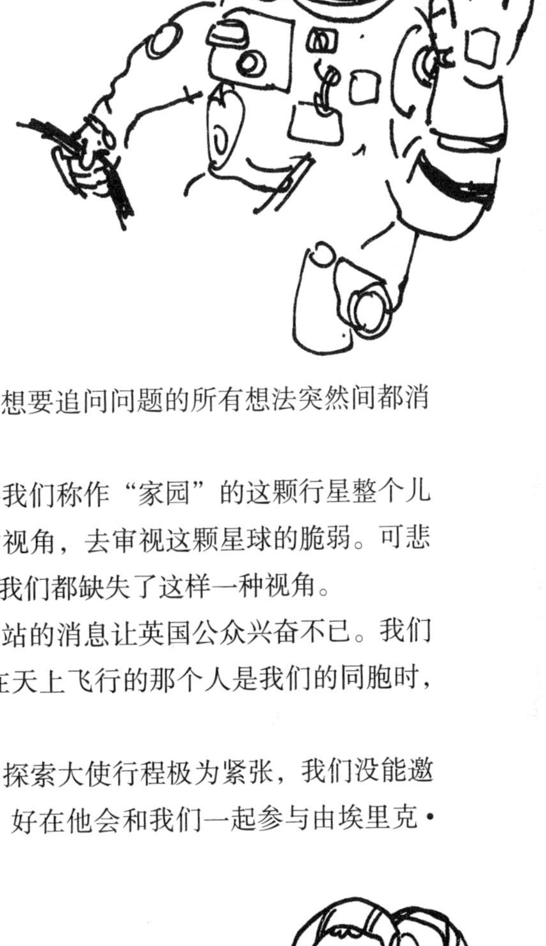

当他告诉你，在他走出舱门，顺着一根类似行李带的绳索，来到国际空间站的外部，并俯瞰下方的那颗行星时，你原本想要追问问题的所有想法突然间都消失不见了。

当我们进入太空，成为少数有机会将我们称作“家园”的这颗行星整个儿收入眼底的幸运儿时，你会获得一种新的视角，去审视这颗星球的脆弱。可悲的是，在现在许多的政治分歧与冲突中，我们都缺失了这样一种视角。

英国宇航员蒂姆·皮克飞抵国际空间站的消息让英国公众兴奋不已。我们都幻想过一个没有国界的世界，但当正在天上飞行的那个人是我们的同胞时，我们会更兴奋。

遗憾的是，由于蒂姆·皮克作为太空探索大使行程极为紧张，我们没能邀请他来做一期《无限猴笼》节目。不过，好在他会和我们一起参与由埃里克·艾达尔制作的一个太空主题歌舞节目。

我们曾经非常幸运地做过一期“全宇航员”的广播节目。在节目里，“阿波罗 16 号”的宇航员查理·杜克告诉我们，在他飞向月球之前的那个晚上，他发现自己难以入睡，而我们则发现，在将要见到某个去过月球的人之前的那个晚上，我们辗转难眠。

当你和宇航员们在一起时，你会发现自己变得非常乐观，你会感受到人类天才智慧所能达到的高度，你会感受到那种积极进取与雄心壮志，你也会感受到“维克罗”搭扣在太空失重环境下有多么重要。瑞士宇航员克劳德·尼古拉有过四次太空飞行经验，他将搭扣形容为“太空里最关键的刚需”，否则你身边的所有东西都会到处乱飘。

哥顿还活着，但也死了。他处于叠加态。
——布莱恩·布莱斯德，第 8 季第 3 集（2013 年 8 月 8 日）

充满力量、言语犀利的演员布莱恩·布莱斯德是太空航行最坚定的支持者之一。他以 79 岁高龄参加我们的《无限猴笼》节目时，还没有放弃想要飞向太空的梦想。当他还是个 6 岁大的孩子时，他在一本画册中看到了下面这句话，自那以后，他就一直幻想着飞向火星。

我们是星尘的孩子，我想要去到那里。我已决意去往火星，甚至更远的地方。

如果所有的太空航行支持者们都像布莱恩那样有着三寸不烂之舌，那我们现在肯定早就已经登上火星了。布莱恩是一位探索者，他会觉得背着氧气瓶攀登珠穆朗玛峰的做法属于缴械投降。当他说他认为借助氧气瓶登上珠峰不作数时，你有时候会吃不准他的意思，是指不该背上氧气瓶呢，还是干脆在登山时不许呼吸？

用宇宙射线射击吧，我要吃掉它们！

布莱恩在中年的时候接受过宇航员训练。他曾经在离心机里被加速到 11 个 G。用他的话来说就是“坐在一个小机器里面的一个小椅子上，俄罗斯人坚持了 50 秒，而我坚持了 75 秒，不过宇航员训练医学专家凯文·冯说这并不怎么明智”。

很显然，布莱恩的确是成为宇航员的料，尽管外形可能看上去不太像。不幸的是，他既不是美国人，也不是俄罗斯人，因此他最后都没有得到机会进入太空。

我想，生活中最大的风险就是不去冒险！

在制作《无限猴笼》节目的过程中，嘉宾们会出现意见不一致的情况，有时甚至会发生激烈的争论，但通常他们很快就会冷静下来，并开始阐述各自的理由。其中，最激烈的一次争论应该是关于在什么地方最有可能会找到地外生命的问题，参与的双方是行星科学家卡洛琳·波可以及莫妮卡·格拉迪。

卡洛琳认为土星的土卫二是搜寻地外生命的理想场所，而莫妮卡则觉得火星上的洞穴才是应该去的地方。

莫妮卡：相比去土星，去火星要快得多，也便宜得多。

卡洛琳：这我明白，但恐怕当你们还在火星上努力挖土的时候，我们就已经带着微生物回来了。

莫妮卡：但我们最终可以将人类送上火星。

罗宾：嘿！你们两个，冷静一些啦。

——《无限猴笼》第 8 季第 3 集（2015 年 2 月 2 日）

我们还应继续将人类送入太空吗?

当我们的家园还面临着如此多的问题，我们是否还应该在太空中继续远航?

先锋派诗人吉尔·斯科特-赫伦在他的作品《月球上的白人》中，辛辣地讽刺了这场登月之旅：当白人英雄们登上月球的同时，美国社会底层却正有大量的黑人住在鼠害肆虐的贫民窟中，自生自灭。

多萝西·沃汉、玛丽·杰克森和凯瑟琳·约翰逊的故事会改变这一切吗？即便这三位非裔美国数学家的计算结果，在帮助第一位宇航员登上月球的过程中发挥了关键性的作用。

发射自动探测器还不够吗？为什么还要将人送入太空？移民火星的愿景是否给了我们一种错误的希望？也或许，所有这些能够让我们超越人世间那些小小的恩怨，看到更高层面的东西，于是一切也就值得了?

《星际迷航》中所描写的田园般的美好未来真的可能出现吗？抑或只是一种值得拥有的美好梦想，以便冲淡对于未来的悲观情绪，不至于让我们因为害怕而停滞不前?

正如曾经在国际空间站上生活了134天的宇航员桑德拉·马格纳斯所言：

> 当人们问我们“为什么”的时候，我们的回答都是“如何做”以及“是什么”。我认为“为什么”是一个非常本质的问题。作为人类，我们拥有好奇心；作为人类，我们是探索者。我认为事情就是这么简单——正是这种与生俱来的好奇心让我们显得与众不同。
>
> ——《无限猴笼》第16季第2集（2017年2月10日）

瑞士资深宇航员克劳德·尼古拉曾经领导过为哈勃空间望远镜进行太空维修和升级的任务，在他看来，人类的这种特质在进化过程中扮演了重要角色：

> 我将人类进入太空视作达尔文进化论的结果，这是人类进化过程中的一个步骤。从长期看，它将让我们拥有更大的生存概率。生命在大约3亿年前脱离水生环境而登上陆地，这是生命演化的必需。而进入太空同样是生命演化的必需，这是不能避免的。

最终，这个问题是否会变成这样——之所以我们必须进入太空，只是因为我们能够做到，而如果不去做，不去飞得更高更远，那就是对我们文明的一种浪费？

左图：1993 年 12 月，宇航员杰弗里·霍夫曼正在向同伴——负责操控航天飞机加拿大机械臂的欧洲宇航员克劳德·尼古拉发出手势信号，他们正在进行对哈勃空间望远镜的太空维修任务。这次任务一共需要宇航员们进行五次太空行走，此时正在进行的是第三次太空行走

第三节　阴谋论

所以，你想挨一记宇航员的老拳吗？

尼尔·阿姆斯特朗去世的那天，伦敦泰晤士河的上空，一轮满月高挂。

这是一种巧合，但却充满浪漫主义色彩，仿佛天上的明月也在向这位世界上第一位登月者致敬。而在网络上，我很好奇多久之后会出现类似的说法：82岁的阿姆斯特朗一定是被人暗杀的，因为他打算说出关于登月造假的真相！

很显然，我的消息太过滞后了，这样的阴谋论说法在阿姆斯特朗的死讯一经宣布时便扩散开来了。关于这一幕情景，电影《摩羯星一号》中有着很好的答案：

“如果你想挨阿波罗计划宇航员的拳头，那么你只需要走到对方跟前问：‘你们登月是在哪一家摄影棚拍的呀？’你有过这种出离愤怒的体验吗？比如当你的舍友或者亲人指责你没有洗碗或者没有丢垃圾，但其实你都做了，尽职尽责地做了。好，现在想象一下，你历经千难万险登上了月球并安全返回，然后你突然遇到一个人，说他不相信你做到了登月这件事，你会有什么反应？巴兹·奥尔德林，尽管当时87岁了，仍然赏给了对方一记老拳！”

载人航天技术一直在飞快进步，生活中我们可以便捷地乘坐飞机到全世界各处旅行，我们也可以很容易观察到飞过头顶的国际空间站，为什么还是有人拒绝相信人类曾经登上过月球呢？这是一种什么样的心态？是想要通过“不被登月这种胡言乱语蛊惑”，证明自己的聪明吗？

但是非常诡异的一点在于美国航天局造假的次数竟然会如此频繁。不仅仅是“阿波罗11号”，即便在公众逐渐对登月失去新鲜感之后，他们还一而再，再而三地去摄影棚里伪造登月，他们甚至还伪造了一次失败的任务——“阿波罗13号！”

阴谋论会与时俱进，更新版本，以便避开那些基于事实证据的，会令他们感到尴尬的问题和答案。有些阴谋论者现在承认人类曾经登上过月球，只是登上去的人不是现在这几位公布的宇航员，而是另有其人。

在这类阴谋论作品中，你会读到这样的情节：阿姆斯特朗、奥尔德林、杜克和比恩，以及所有那些所谓登上过月球的人，实际上都是糊弄人的幌子，那些真正登上月球的宇航员其实早就死于辐射，或者被月球上的怪物吃掉了。

阴谋论者之所以把“未知宇航员”的情节加进他们的故事里，主要是为了避免一个尴尬的事实，那就是在三次阿波罗任务期间，宇航员们的的确确在月球表面放置了反射镜系统。

有些人认为，阿波罗计划是由斯坦利·库布里克导演在电影摄影棚中拍摄制作的。但如果你观察库布里克从策划一部电影到拍摄完成所花费的时间，很难想象他能赶在阿波罗计划的期限内完成任务。很明显，当我们真正降落到月球表面时，库布里克相当懊恼地发现，与真正的月面环境相比，电影《2001：太空奥德赛》中的月面场景并不像他原先设想的那么真实准确，而这部电影可是库布里克花费大量时间构思打磨出来的作品。

阴谋论可以与时俱进到什么地步呢？你甚至可以说服某些人，让他们相信阿波罗计划实际上是利用某种安装在火星上的先进投影设备，投射出来的全息影像。

阴谋论者怀疑登月真实性的一大“证据”是画面中岩石上的所谓“摄影棚灯光”，尽管一般人都知道那只不过是宇航员携带的相机在拍摄时产生的镜头光晕而已。镜头光晕有时候还会被人认为是鬼魂存在的证据。人们总是倾向于相信自己想要去相信的东西，于是这里你可能会有这样的几个选项：

A. 镜头光晕很常见，并且很容易想象到，既然美国航天局都已经决定伪造一整套登月的流程了，请一个人专门负责灯光的问题应该不会是难事，他们根本不会犯这样的错误。

B. 那肯定是摄影棚的灯光！绝无其他解释！

C. 这说明月亮上有鬼魂。

阴谋论者常常说到的另一个问题是插在月面上的星条旗为什么会飘动。官方给出的解释是月面上的动量和惯性方面的原因，在月面安插旗帜以及用力展开旗杆时都会造成抖动，从而产生星条旗的“飘动”效果。但是不是也有可能这一切根本就是在一个有风的摄影棚里拍摄的呢？

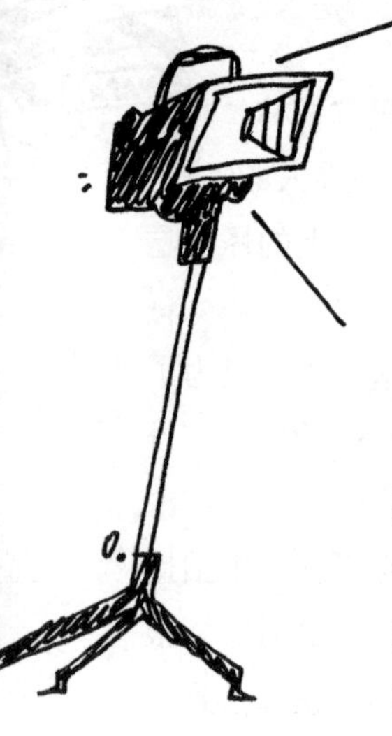

那么我想提醒你的是，我去过很多电影拍摄现场，相信我，一般情况下他们都会记得关上摄影棚的大门，不会让风就这么吹着的。

还有，为什么在阿波罗登月的画面中，天上看不到星星？对于这个问题最快最简单的回答是：月球表面的反光过于强烈，导致天上的星星拍不出来。但是不是也有可能就是美国航天局在伪造登月的时候忘了把背景的星星加上去？这或许也是为什么BBC要在《2001：太空奥德赛》的电视首播时，要把星星补充进月球上空背景中的原因。但这种做法马上激起了全世界科幻迷们的强烈愤怒。有时候公众的心思还真是难以把握——他们是对完全没有星星不满意，还是对加了一些星星不满意，还是因为星星加得太多而不满意？

其他你可能需要的答案还有很多，比如“不，他们的宇航服胸前是有摄像机的”以及“不，你看，月球表面的粉末是非常细的”。

对于一些人来说，散布阿波罗登月造假的阴谋论还只是小打小闹。他们还有一个更大的超级阴谋论，这个阴谋论与月球本身有关。某些所谓的“大师”仍在起劲地宣传着唐·威尔逊的作品《月球：我们的神秘飞船》。在这部作品中，作者宣称月球内部实际上是空心的，它是由某个外星文明派遣来监视我们的超级飞船。

回到地球，几年前一位英国牛津大学的物理学家大卫·格里姆斯（David Grimes）发表了自己的一项研究成果，这项研究探讨了在不同人数参与其中的情况下，要想保持一个阴谋的秘密性，其可能性有多大。很显然，参与进来的人数越多，那么要想保持登月造假的秘密就会变得越发不可能。

格里姆斯的计算显示，要想让一个阴谋保密5年，那么知情人数不能超过2521人；而如果要想保密10年，那么人数将下降到1000人以内；如果要想让阴谋持续100年不为人知，那么知情人数不能超过125人。

而从月球阴谋论肇始的1965年起算，再考虑当时美国航天局的雇员大约是411000人（也就是格里姆斯计算方程中可能参与并知情人数的最大值），那么根据这项研究的计算结果，

登月造假的阴谋应当在 3 年零 8 个月的时间里就会被曝光出来。很显然，要想长期保守登月这种规模的“造假阴谋”，是完完全全不可能完成的任务。

格里姆斯希望这些计算数据能够促使一部分人重新思考他们“反科学的信仰”——他未免太乐观了，我们的阴谋论者怎么会让这些数据和事实成为绊脚石呢？阴谋论的一大好处就是让我们可以感受到一种智商上的优越感，而不必真正去进行深入的理解和思考。读懂一本关于月球阴谋论的书可要比弄懂一堆方程式容易多了，而那些方程式正是科学家和工程师们将人类送上月球的工具。

阴谋论会让人有“众人皆醉我独醒”的错觉，它会让一个实际上几乎一无所知的人突然之间无比坚信某件事，甚至压倒他以往所有的经验。于是突然之间，阴谋论者便具备了一种目空一切的傲慢资本，让他们可以俯视真正的专家了。

我们谁都不愿意成为一个无知的人，但学习各种知识需要漫长的时间，所以，把所有挡路的专业知识乃至现实情况都一脚踢开仿佛就成了一条捷径。

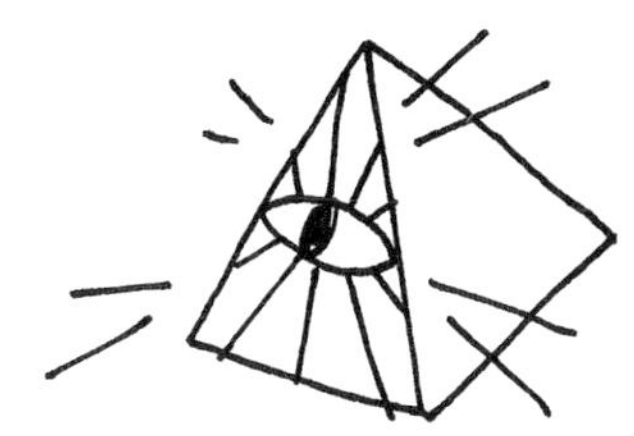

第四节　打电话回家

搜寻地外智慧生命

搜寻地外生命以及地外生命是否存在，一直是《无限猴笼》节目中一个相当热门的话题，最开始在第一季的第二集中就展开了探讨。

在那期节目中，来自 SETI 研究所的赛斯·肖斯塔克向我们介绍了科学家搜寻外星生命迹象的情况。SETI 研究所是一家专门致力于搜寻地外智慧生命所发出的无线电信号的机构，而乔·让森[1]与我们分享了为何罗比·威廉姆斯[2]在美国大沙漠里的疯狂行为也是对这一领域的贡献。

乔·让森：如果外星人真的存在于我们中间，那他们为什么总是以那么隐秘的方式显现自己？

赛斯·肖斯塔克：我同意。如果他们真的存在于这里，那么证据应该是非常明确的。当年坐船前往美洲的西班牙人可不会在距离美洲海岸 5 千米的地方，停下来嘲笑那些还在思索自己究竟有没有遭到入侵的美洲原住民。这一点是毫无疑问的。

——《无限猴笼》第 1 季第 2 集（2009 年 12 月 7 日）

科幻作家不止一次地提过，要让人类摆脱因为一些小小的争议就想要毁灭对方的危险倾向，唯一的途径就是让地球面临来自地球之外的共同威胁。

当发现我们的星球正面临来自外星的入侵时，我们将会暂时摒弃前嫌。当然，在这个过程中，也可能会出现卑劣的通敌分子，或是狡猾的绥靖主义者。一支庞大的外星舰队已经足够让我们携起手来，一致对外，同时在内心谋划着暗中偷袭老对手。当然，我们也可以选择真正求同存异，携手应对。

这些外星人或许是为和平而来，就像电影《地球停转之日》或者《降临》中所表现的那样，但这也许并不能阻止我们团结到一起，在大气层外抵挡侵略的决心。

如果我们发现，从孕育复杂生命体的角度而言，地球可能是特殊的，独一无二的，我们将做出什么样的反应？如果我们发现我们并非宇宙中最聪明的生命，甚至不是邻近空间内最聪明的生命，我们又将如何面对这样的现实？

在20世纪，关于外星人造访地球和绑架地球人的消息出现了爆发性增长。到了50年代，据说有人看到飞碟在天空中飞过，还有各种模糊的轮状物体。

在六七十年代甚至更近的时期，外星人绑架案的消息仍然时不时会冒出来。其中惠特利·斯特里伯的畅销小说《交流：一个真实故事》的出版让这个话题的热度迟迟不减。在这本书中，斯特里伯描述了自己与外星人的“真实”经历。当然还有《X档案》系列，这恐怕是与这类话题有关，唯一还值得肯定的作品了。

另外一个谜团是所谓的“麦田怪圈”，对于这种奇怪图案的关注热度在20世纪90年代达到巅峰。这是外星人故意留下的某种信号吗？还是仅仅是外星人在我们这个星系中转站无聊时留下的涂鸦？要不就是两个男人拿着木板搞出的一场恶作剧？其中一个叫道格·鲍尔，另外一个叫戴夫·科利[3]？

在21世纪初，大量的UFO目击报告里都提到两个光点一同飞行的画面。这类报告集中出现的时期恰逢中国出口的孔明灯销售的小高峰，并且更加巧合的是，这类孔明灯在出售时都是两个一包包装的。尽管时间上巧合不等于两者之间就必然相关，但当你看到两个孔明灯同时冉冉升空的场景，那确实很容易让人产生错觉：这些纸做的外星人是冲着我们来的吗？

我个人认为，所有那些被认为可能与外星人有关的现象，实际上与外星人有关的可能性非常低。它们更有可能是由已知的自然现象所导致的，比如梦魇、妄想症，以及在流行文化的刺激下产生的想象，或者是那些想要哗众取宠、借机敛财的骗子的杰作。

可是我们为什么会持有这样的观点？毕竟否定外星生命曾经来访地球，并无助于我们评估地外生命存在的可能性的高低。我们只是巨大星系中的一颗渺小行星。银河系中有 2000 亿—4000 亿颗恒星，大量的恒星周围存在行星系统。最新的估算认为，夜空中至少有十分之一的恒星周围存在着至少 1 颗由岩石构成、大小与地球接近且运行在宜居带内的行星，这意味着这些行星的地表可能会有液态海洋存在。按照这样计算，那么银河系中至少存在着 200 亿个潜在的生命家园。生命并不一定要局限在行星上。即便在我们的太阳系内部，土星的卫星“土卫二”以及木星的卫星“木卫二”上都很可能存在着地下湖泊或者海洋，那里可能存在着宜居的环境。火星同样为生命搜寻者们带来希望，因为有证据显示火星在远古时期可能存在过宜居环境，甚至今天的火星地表之下仍然可能存在宜居环境。

假如生命真的存在于火星上，或是太阳系某些行星的卫星上的海洋之中，那它们肯定是简单的单细胞生命。在这些地方发现智慧生命的可能性是零。

但是当我们谈论外星生命的时候，我们常常会说到飞船，于是这里就有两个问题：第一，一颗行星或其卫星上诞生生命的可能性有多高？第二，这些生命不断进化，最终成为能够建造宇宙飞船的智慧生命，这种可能性有多高？严格来说，关于这两个问题的答案都是：不知道。因为我们的参考样本只有一个，那就是地球。尽管如此，地球上生命诞生与演化的历史，却可以帮助我们合理估算宇宙中智慧生命出现的可能性。

关于第一个问题的答案是肯定的。地球上的生命出现得非常早，几乎就在地球逐渐冷却下来、海洋形成之后便出现了。2013 年在澳大利亚西部发现的“微生物诱发沉积构造”[4] 可以很好地证明，在大约 35 亿年前生命就已经出现了。这些结构是在一处 34.8 亿年前的太古宙时期的岩层中发现的。而在 37 亿年前的格陵兰岛西部伊苏亚地区的岩层中同样发现了生命活动的迹象。科学家们对样本中的碳 -12 以及碳 -13 的比例进行了测定，结果发现碳 -12 的丰度超过了大约 98.9% 的天然丰度。生命更倾向于使用碳 -12，而不是含量更少、原子量更大的碳 -13。因此，样本中碳 -12 的含量更高就常常被科学家们视作生命活动的迹象。很多生物学家持有这样一种观点，认为早期地球从地球化学过程迅速向生命化学过程过渡，是一个必然会发生的过程。也就是说，只要环境条件适宜，能够在代际间传递信息并自我复制的复杂碳分子结构就一定可以出现。

正如我们此前所提到的，这种适宜条件似乎是指液态水与岩石的接触，再加上地质活动。而这种条件在太阳系中并不罕见，更不用说全宇宙的范围内了，因此我们有理由认为宇宙中存在着大量的生命。

而第二个问题的答案基本上是否定的。即便这种认为宇宙中生命普遍存在的观点是正确的，生命走出下一步，也就是生命从起源向复杂的多细胞生命的演变，也将经历极为漫长的时间。世界上目前已知最早的多细胞生命遗迹是“埃迪卡拉生物群”[5] 化石，这些化石的原生物生活在大约 6.5 亿年前 [6]。在大约 5.3 亿年前的寒武纪时期，海洋中突然出现了大量的复杂生命体。就我们目前所知的情况，这意味着地球上的生命在诞生之后超过 30 亿年的时间里一直都是单细胞生命的形态，生命朝着复杂形态的转变是在大约 6 亿年前才开始的。要知道 30 亿年是很漫长的一段时间——几乎相当于宇宙年龄的四分之一。

为什么要花费这么长的时间？通过对一类细胞起源的考察，或许我们可以一窥这个问题的答案：真核细胞。真核细胞是所有多细胞生命所共有的细胞类

型，其特点是拥有细胞核和特异化的细胞器，如线粒体等，每个细胞器都具有各自的分工。

单细胞生命，比如细菌，它们的细胞类型是不同的，它们属于原核生物。原核细胞没有成形的细胞核，整体结构也要简单很多。

数十亿年前的早期生命主要是原核生物，于是一个问题就出现了：原核生物是如何演化成真核生物的？

关于这个问题，最广为接受的理论被称作“命运相遇假说”，它或许可以帮我们了解，为何多细胞生命在地球上的出现需要历经如此漫长的时间。

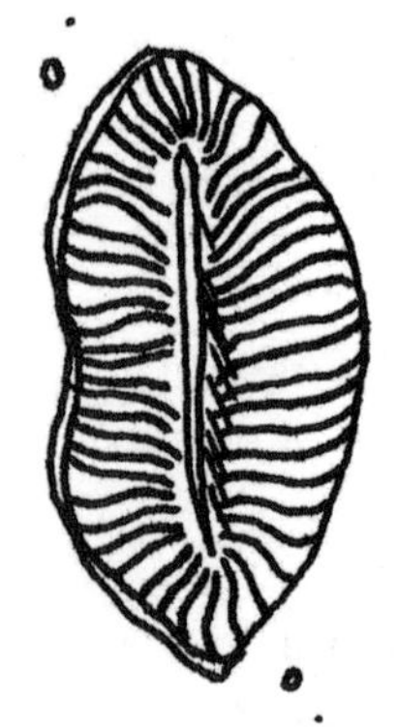

很久很久以前的一天，在地球上原始海洋的某个角落，一类被称作“古菌”[7]的原核生物在到处游荡——直到今天，古菌仍然存在。不知怎的，这只古菌吞入了一只细菌，并且不知通过何种方式，它竟然成功地将这种共生关系通过遗传的方式传递给了下一代。

这听上去完全不可思议，但科学家们相信这件事的确发生了，因为它的证据此刻就在你或者这颗星球上其他任何一类多细胞生命体的细胞里。你身体细胞里的线粒体通过 ATP[8] 的合成，为你的身体提供能量，这种细胞器的最初起源肯定是一类细菌。

线粒体甚至拥有自己的 DNA，并且不会在有性繁殖过程中发生改变，线粒体的 DNA 信息只是简单地由母亲传递给子代，属于母系遗传。你身体的细胞中还残留有少量古菌的 DNA，这是我们古老的祖先留下的痕迹。科学界目前的观点认为，细胞内的线粒体实际上是远古时期被古菌吞入体内的细菌演化而来的。如果这一共生理论是正确的，那么我们所有人，所有的生命体，每一棵树，每一只昆虫，植物的每一粒种子，所有这一切之所以能够出现，都要归功于 10 多亿年前的那一天，在原始海洋的某个角落，那一只不知怎的吞下了一只细菌的古菌。如果当初那场“命运的相遇”没有发生，那么今天的地球上也许根本就不会存在复杂的生命体。

这个关于复杂生命诞生的“不可能的故事”提出了一种可能性，那就是，或许宇宙中的确遍布单细胞生命形式，但复杂多细胞生命的出现则可能纯属偶然。这种令人震惊的理论会给人一种非常不舒服的感觉，就像一个人不经意间走上马路，然后被一辆飞驰而过的10吨卡车的后视镜轻轻碰了一下。我们的存在，似乎就是一种纯粹的偶然，完全得益于一种诡异的共生生命体的奇迹般的幸存。

我们不知道这是不是通往智慧生命的唯一路径，也不清楚这一理论正确的概率有多大，但至少有一点可以让我们聊以自慰：我们是一种非常珍贵的自然结构。这当然不是我们放弃搜寻宇宙中其他生命形式的理由，因为关于我们在宇宙中是否孤独这个问题，仍然是我们必须要去回答的。

当我们在旧金山录制节目期间，赛斯·肖斯塔克再次和我们聊起了搜寻地外智慧生命的话题，参与讨论的还有行星科学家卡洛琳·波可以及喜剧演员保罗·普罗维察（Paul Provenza）和格雷格·普洛普斯（Greg Proops）。

卡洛琳·波可：我们正在太阳系内搜寻微生物，目的地是那些有可能存在微生物的地点。我们寻找水、（在陨石中的）简单氨基酸以及那些构成生命所必需的基本有机物质。

格雷格·普洛普斯：如果你想去一个寒冷而不适宜生存的地方，只有一些微生物，绝无任何智慧生命迹象，那么你可以来好莱坞找我，哪天都行。

——《无限猴笼》第12季第4集（2015年7月27日）

或许我们是孤独的。或许宇宙中遍布高度智慧的生命体，他们决定不向外界发出任何信号，而是在自己的行星上过舒服自在的日子。或许宇宙中有很多不同的智慧生命存在着，但遗憾的是，他（它）们存在的时间窗口与跨越广袤空间的通信能力从来未能同步。这样的想法会不会让人感到一种悲伤？当我们接收到一份发自数百万光年之外的信息时，我们很清楚，发出这份信息的行星，其旁边的恒星可能很久之前就已经爆炸消亡。对于那些掌握了能够在一辈子的时间内进行长距离太空飞行的智慧生命来说，他们的假日旅行或许就像是参观

国民托管组织[9]名下数以千计的各色建筑：每一颗行星表面都是残垣断壁，偶尔在残存的壁画中可以看到长相类似蜥蜴的女王形象，还可以在已经成为化石的粪便遗迹中探寻他们生前的饮食习惯。

还是说，当我们仰望夜空，我们的思维自由放纵，飞向那些闪耀着钻石般光芒的繁星，难道那里只有烂泥吗？

注释：

[1] 乔·让森（Jon Ronson,1967— ），英国记者，写作者，广播、电视节目主持人。

[2] 罗比·威廉姆斯（Robbie Williams，1974— ），著名的英国音乐人，业余时间对 UFO、外星人以及超自然现象等感兴趣，2007—2008 年休假期间，罗比·威廉姆斯基本从公众视野中消失，与乔·让森一起前往美国内华达州沙漠中参加了探寻 UFO 和外星人的活动。

[3] 1991 年，两个英国男人道格·鲍尔（Doug Bower）和戴夫·科利（Dave Chorley）发表的一项声明轰动了世界。他们声称，20 世纪 70 年代开始出现的所谓“麦田怪圈”实际上是他们的恶作剧，他们还在媒体记者的见证下，使用简单的木板和绳索等工具当场做出了一模一样的怪圈。

[4] 微生物聚落及其活动，会在沉积岩中留下丰富且复杂的记录。微生物诱发沉积构造（MISS）是一种古老的沉积岩构造。

[5] 埃迪卡拉生物群（Ediacaran biota），是一类生活在前寒武纪的生物群，最先由斯普里格（R.C.Sprigg）于 1947 年在澳大利亚南部的埃迪卡拉地区的庞德石英岩（Pound Quartzite）中发现。出土的化石种类丰富，包含 3 个门，22 个属，31 种低等无脊椎动物。

[6] 关于多细胞生命在地球上出现的时间，科学认识一直在更新之中。2016 年，中国科学院南京地质古生物研究所的研究显示，大型多细胞生物可能早在 15 亿—16 亿年前就已经出现。

[7] 现代生物学基本把生物分为三大领域：真核生物（Eucarya）、细菌（Bacteria）和古菌（Archaea）。古菌和细菌一样是原核生物，即细胞核没有核膜包裹，且细胞核与细胞质没有明显界限。古菌生命力极强，能够在很多极端环境下生存下来，至今仍然大量存在。

[8] ATP，学名“三磷酸腺苷”，是一种不稳定的高能化合物，由 1 分子腺嘌呤、1 分子核糖和 3 分子磷酸基团组成，水解时释放出的能量较多，是生物体内最直接的能量来源。

[9] 国民托管组织（National Trust），英国民间机构，主要致力于英国境内名胜古迹的保护工作。

November

25 CENTS
Canada 30¢

HUGO GERNSBACK Editor

$300.00
for the best
short, SHORT
Story written
around this
picture

SEE PAGE 485

第五节　科幻与科学

“科学的重要性不应该超过喜剧！”[1]

罗宾：对于我们中的很多人来说，是科幻作品带给我们的兴奋将我们引向了科学。TARDIS[2] 可以让我们回到过去，或许这是违反物理学定律的，但那些历险故事和想法却很容易让坐在沙发上看电视的我们开始去思考一些东西，比如时空旅行或者相对论之类。道格拉斯·亚当斯的作品“银河系漫游指南”系列对于很多人来说，是关于概率宇宙[3]的入门书。科幻作家菲利普·狄克让我们思考现实的本质，什么是自我意识，以及我们何时应该考虑赋予机器人基本人权等问题。

过去，很多科幻作品并不尊重科学。

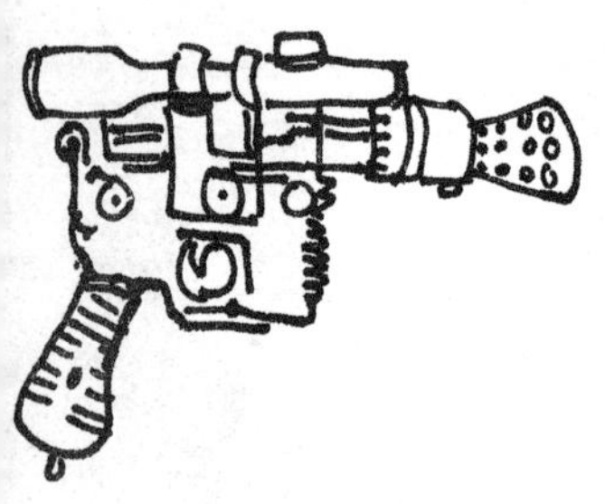

布莱恩：你说得很对，罗宾。很多科幻作品简直是在践踏真实的太空旅行，那种手持式的光子武器以及大型物体的瞬时传送，都根本不切实际。还有数不清的关于星系漫游的情节，那些糟糕的构思不仅违背科学原理，甚至违背基本常识。所有这一切都打着太空科幻作品的幌子。

罗宾：我知道一个物理学家曾经担任一部电影的顾问，那部电影的一个情节竟然是通过将一枚炸弹送到太阳的核心引爆，以便重启太阳。简直蠢到不可理喻！

布莱恩：嗯……是的。罗宾所说的电影其实就是《太阳浩劫》，

而那位顾问就是我。这部电影讲述的是一个人类在大自然的压倒性力量面前努力维持人性的故事，我们会意识到，在大自然面前，人类是多么渺小与微不足道。太阳就像上帝，如果我们在面对它时不做好准备，它可以把我们逼疯。电影中由基里安•墨菲扮演的那位物理学家没有发疯，因为他借助了理性的力量。在这部电影中，太阳物理其实只是一个“麦高芬”[4]，所以我让这部电影过关了，因为很显然它要传达的还有更深层的信息。

好的，就这样吧。不要提那件事了。
（很显然，他们是不会把这句话也保留在书里的……）

罗宾：科学被用作借口来合理化一切，比如长得像房子那么大的狼蛛，以及在火星上用激光武器进行的战斗。这些情节披上了现代性的伪装，不再有西部牛仔在纪念碑谷[5]的岩石荒野中用手枪决斗，场景变成了外星人在某个遥远行星上的岩石荒野中决斗。

而随着核子时代的到来，核辐射及核爆炸又成了各种怪物、超能力和灾难出现的最佳理由。《不可思议的收缩人》讲述的就是一个男子因遭受辐射而变小的故事；当然还有《X 放射线》，在这部电影里，墨西哥境内的核试验导致蚂蚁变异成了食肉狂魔；而《地球失火之日》的情节则是，人类在南极和北极地区同时进行核试验，导致地球偏离轨道，逐渐接近太阳。

在你太过忧虑之前，我们先来和布莱恩一起探讨一下，从科学角度看上面这些情节发生的可能性有多高吧。

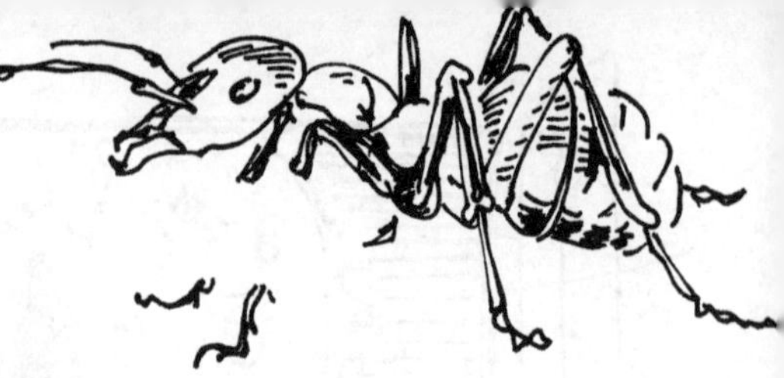

让我们从巨型蚂蚁开始，蚂蚁的体形有没有一个极限值？

布莱恩：昆虫的体形大小有限，其背后的原因并未完全清楚。其中一种被广泛接受的理论认为，昆虫呼吸的方式与我们有很大的不同，氧气是通过它们身体上的“气门”扩散进入昆虫体内的。一种观点认为这种被动式的呼吸方式对于体形较大的生物而言效率太低，而这就反过来限制了它们的体形大小。支持这一理论的证据是，远古时期的氧气浓度远比现代的高得多，那时候昆虫的体形也要比现在大得多。在大约 3 亿年前，大气中氧气的含量大约是 35%，而非现在的 21%，而那时候就有巨型昆虫。那时候最大型的蜻蜓翅展可以达到 75 厘米，而相比之下，今天翅展最大的昆虫是白女巫蛾，大小也就和一个巴掌差不多。虽然这种昆虫比远古时期的小了许多，但你还是不会希望有一只飞到自己脸上。

也有一些研究人员指出，在侏罗纪晚期，随着鸟类逐渐统治天空，昆虫的体形开始变小。这种体形的缩小可能是一种进化策略，目的是应对新出现的捕食者带来的挑战。

罗宾：那么如果我们真的在地球南北两极同时进行核试验，会让地球飞向太阳吗？

布莱恩：不会。

罗宾：我想核武器的威胁主要还是它巨大的破坏力及其令人恐惧的长期影响。因此，在蚂蚁们最终进化成超级巨型蚂蚁之前，我们早就已经死于核爆炸或者后续的核辐射了。这可真是让人大松一口气啊！

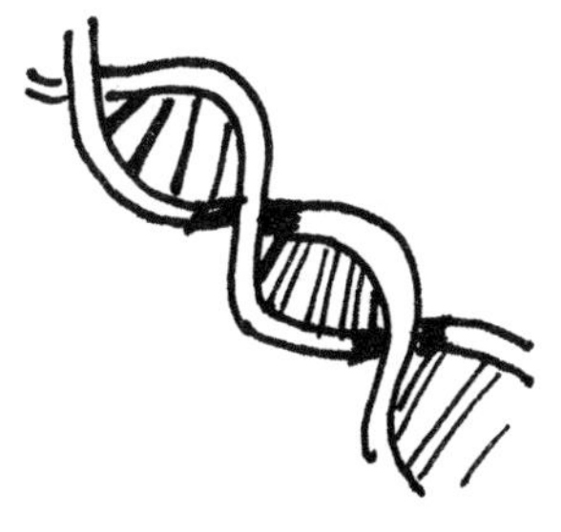

布莱恩：是的。我常常会惊讶于遭受核爆炸及辐射影响之后，DNA 发生变异，进而导致生物体形发生改变的速度。但这很容易造成对于进化发生速率的误解。不过话又说回来，我猜想如果一部电影里，蚂蚁们要花上几千年的时间才能让体形逐渐变大，最终成为巨型蚂蚁，那它的戏剧性就要大打折扣了。

顺便说一句，为我拍摄纪录电影的摄影师有一次想出了一个词——SHART，用来描述那种在科学与艺术之间，为了更好地结合两者而“有必要”采用的艺术演绎。

罗宾：长期以来，科幻作品被轻视和贬低。你会发现科幻作品极少赢得文学类奖项和除了特效之外的奥斯卡奖。如果你想要被认真对待，那就不要加入太多的想象和深度。好在这种情况在过去的数十年间已经开始逐渐改变。这主要归功于多丽丝·莱辛[6]和玛格丽特·阿特伍德[7]的文学作品，以及克里斯托弗·诺兰[8]和丹尼斯·维伦纽瓦[9]的电影，当然还有更早期的斯坦利·库布里克以及安德烈·塔科夫斯基[10]。

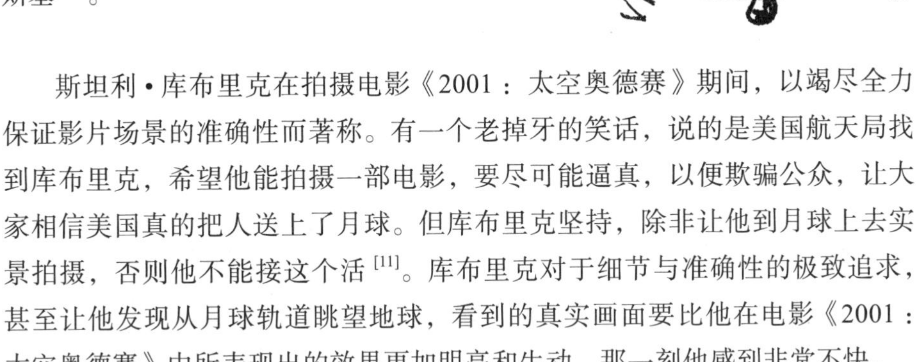

斯坦利·库布里克在拍摄电影《2001：太空奥德赛》期间，以竭尽全力保证影片场景的准确性而著称。有一个老掉牙的笑话，说的是美国航天局找到库布里克，希望他能拍摄一部电影，要尽可能逼真，以便欺骗公众，让大家相信美国真的把人送上了月球。但库布里克坚持，除非让他到月球上去实景拍摄，否则他不能接这个活[11]。库布里克对于细节与准确性的极致追求，甚至让他发现从月球轨道眺望地球，看到的真实画面要比他在电影《2001：太空奥德赛》中所表现出的效果更加明亮和生动，那一刻他感到非常不快。

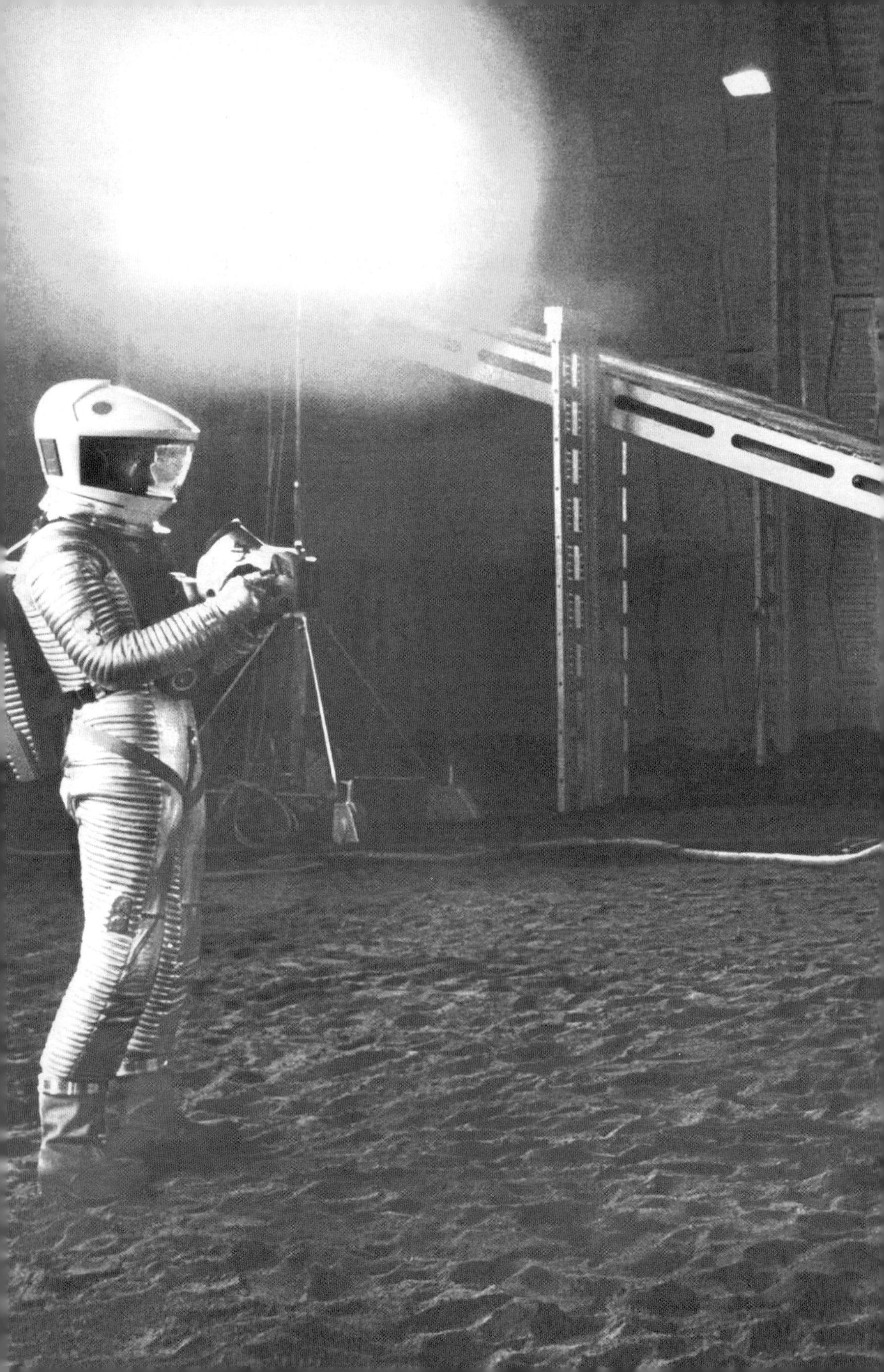

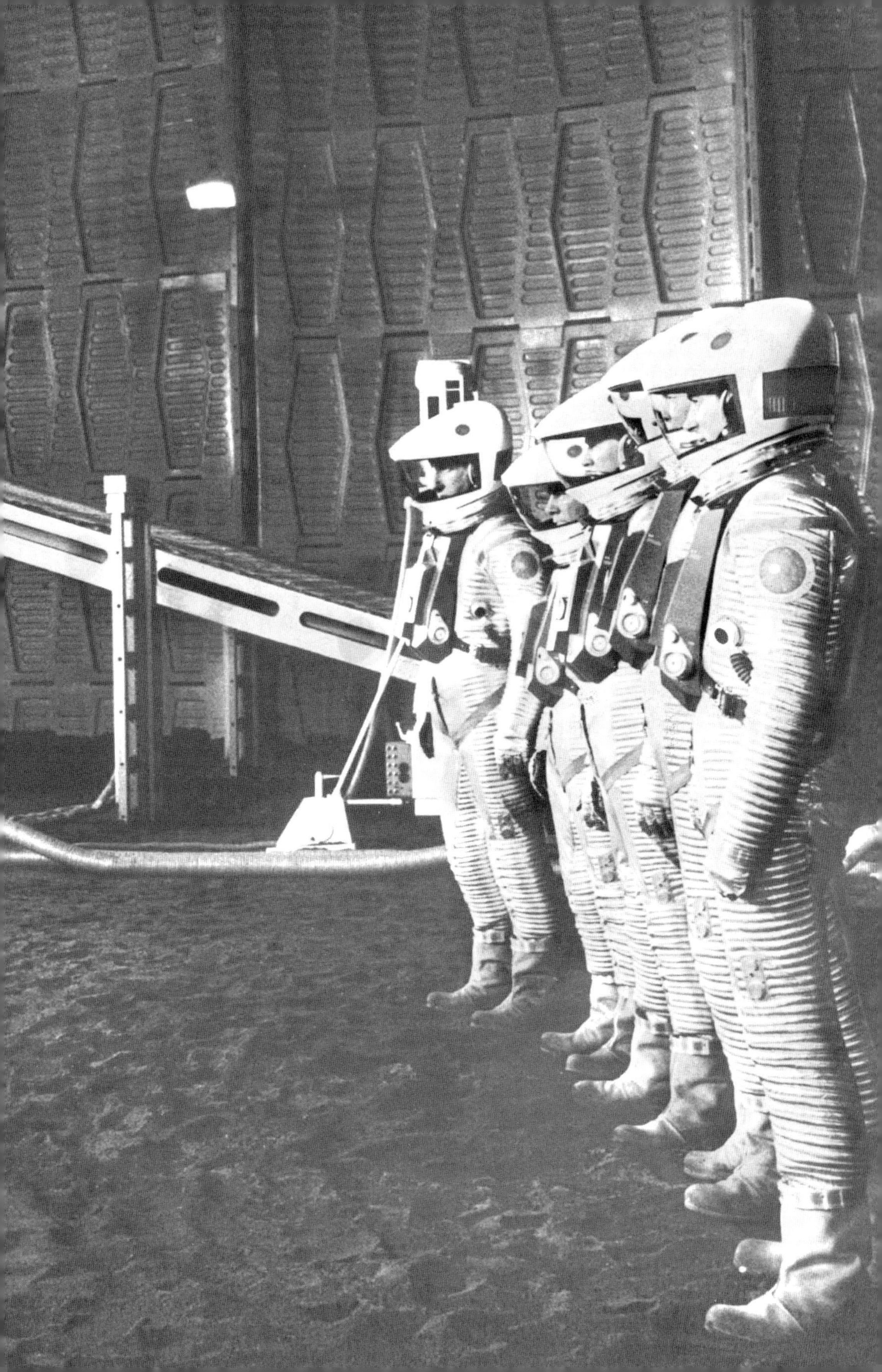

第 202—203 页：1968 年，斯坦利·库布里克的影片《2001：太空奥德赛》拍摄现场

自 21 世纪以来，科幻作品的科学性正不断提升。当宇航员克里斯·哈特菲尔德返回地球时，正赶上桑德拉·布洛克主演的电影《地心引力》热映。

于是他常常被人问起关于这部片子的看法。而在准确性方面，哈特菲尔德主要的批评意见是演员的内衣。

宇航员实际上在太空里穿着的内衣要比好莱坞让布洛克穿着的内衣看上去不起眼得多。

在我们《无限猴笼》节目组在美国洛杉矶做节目期间，著名的宇宙学家肖恩·卡罗尔参与了我们的讨论。作为一名在洛杉矶生活的宇宙学家，卡罗尔担任了多部电影的科学顾问。在所有邀请他担任科学顾问的电影中，最令人意外的是《雷神》。我们问他，在一部讲述一个手里拿着大锤子的北欧神话人物的电影里，为什么需要一个科学顾问？在听到问题后，肖恩看着我们，好像答案就写在他脸上一样："很显然，他们希望阿斯加德[12]之神穿越的虫洞尽可能真实。"

肖恩告诉我们，他在这部电影中的主要贡献在于，这部电影的主创不太喜欢"虫洞"这个词，认为它太"90 年代"了，于是他给了他们一个比较高大上的名字"爱因斯坦 - 罗森桥[13]，并且建议影片中娜塔莉·波特曼饰演的角色定位应该是一位粒子物理学家。想想吧，或许有一天，一位诺贝尔奖获得者在致谢时，会感谢一位北欧神话人物雷神托尔启发了他（她）对于量子引力论的兴趣，想到这里还真的让人有点兴奋呢！

每一部电影都应该有属于自己的世界和标准。如果在《地心引力》里面突然出现一个会说话的木头，大家一定会觉得很奇怪，但是如果这个小木头出现在《银河护卫队》里，情况就完全不同了[14]。问题在于，你有没有感觉完全沉浸其中？戏剧化的情节设计起到

效果了吗？

——肖恩·卡罗尔，第 12 季第 2 集（2015 年 7 月 13 日）

未来，或许正如我们所愿，科幻作品的科学性和准确性将不断得到提升，于是雷神托尔会是一个戴着铁帽子，拖着沉重大锤子气喘吁吁走路的男人，因为我们在这里考虑了重力因素。当然，其实拖着一个大锤子也会破坏空气动力学外形，不利于飞行。

《星际穿越》是口碑最好的科幻大片之一，且拥有很好的科学基础。这部影片的诞生最初是理论物理学家基普·索恩和电影制片人琳达·奥伯斯特在探讨如何将卡尔·萨根的著作《接触》[15] 改编并搬上银幕的时候产生的灵感。索恩提议，让影片《接触》中的女主角埃莉诺·阿洛韦穿越一个“虫洞”，但他很快意识到如果她太空旅行的速度超过光速，那么时间将会倒流，从而违背物理学中的“因果律”，而这是最基本的定理，于是他专门写了一篇论文讨论这个问题。正如那些最优秀的物理学论文应有的待遇那样，这篇论文启发了一部新影片的拍摄。

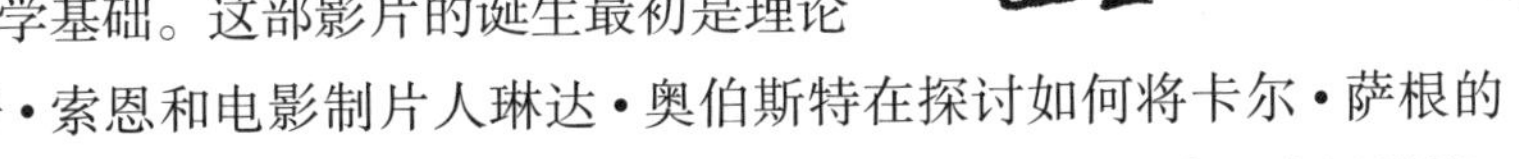

布莱恩：我迄今最成功的科学论文，如果按照被引用数量来论的话，是我在 2002 年撰写的一篇论文。很巧合的是，当时那两位合作者杰夫·福肖教授以及乔·巴特沃斯教授[16]，后来也都成了我们《无限猴笼》节目的嘉宾。这篇论文的题目叫作《大型强子对撞机内的 WW 散射》，当时就有 277 次引用。

或许那篇论文也能拍一部电影出来？哦，对了，顺便说一句，那篇论文还被打印出来，钉在了电影《太阳浩劫》里基里安·墨菲扮演的那个角色的舱室墙壁上。

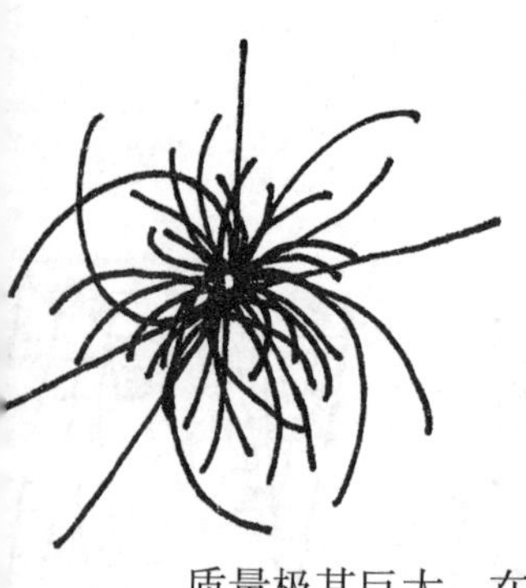

罗宾：在《无限猴笼》最开始的几期节目中，我们有幸请到世界上最富想象力的作家之一，也是世界上最棒的完全自学成才的魔术师阿兰•摩尔[17]到场，与我们一同探讨科幻与科学的话题。在节目中，摩尔向我们证实，他的很多很棒的想法其实更多的是来自科学现实，这一点可能与很多读者想象的情况有所不同。在他的一部科幻小说《琼斯的民谣》中，摩尔描述了一颗行星，由于质量极其巨大，在强大引力场的作用下，时间减慢了。关于这一点，理论物理学家和数学家布莱恩•格林表示完全赞同："这是完全正确的。如果你在 1915 年之前就写出这种内容，那你就是一个天才。"非常可惜的是，阿兰•摩尔写这部作品的时间是在 1915 年之后[18]。

不要指望科幻作品的科学性能够达到多么高的高度，但也不要因此将其完全否定。那些伟大的科幻作品，甚至那些比较优秀的科幻作品，都常常可以成为你探寻某种想法的开端。它是一系列"如果……会怎样"的问题，而事实上科学的开端也常常如此。

布莱恩：我的论文主要讨论的问题是，如果希格斯玻色子不存在，在大型强子对撞机工作的物理学家们将会有何种反应。当然这种粒子后来被找到了，也就是说我的论文中假定的情况并未发生，于是，按照我的论文拍摄的电影就成了某种"如果当前条件改变，未来情况将如何发展"的结局更改型电影模式。基里安•墨菲可能得在《太阳浩劫》里重新饰演一遍我，或许丹尼•博伊尔还得重新导演一遍……

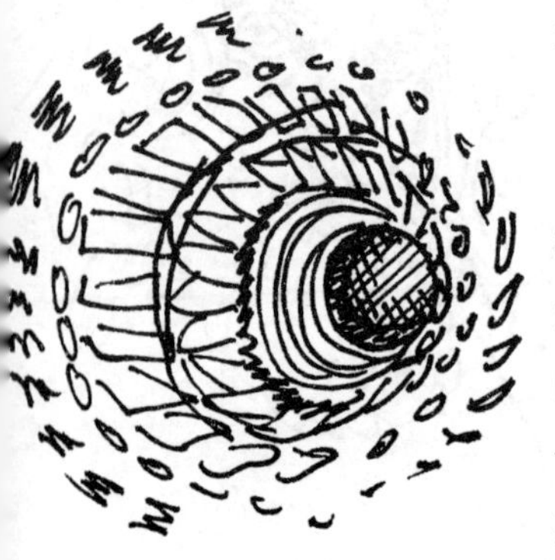

罗宾：当阿兰•摩尔每周四在阅读他订阅的《新科学家》杂志时，他脑海中会不断因这些最新的科学进展展开丰富的联想，产生新的想法。当第一次读到关于弦论的文章时，他很快就写出了一个长达 8 页的故事，讲述"一个拥有超弦小提琴的男孩，当他拨弄琴弦，将会改变现实世界"。正如他告诉我们的那样，他自己并不相信这个故事会真实发生，而只是将它作为一个基于科学且充满诗意的奇思妙想，但对

他的读者而言，这可能是他们第一次接触到“弦论”这种说法，于是，他们或许会去图书馆进一步查询与之有关的内容。

布莱恩：我的论文摘要里，有一段我觉得可以直接拿来放到电影剧本里去：

“我们在大型强子对撞机启用之前，详细研究了在未发现新粒子的情况下的弹性 WW 散射过程。研究基于电弱手征拉氏量的理论框架，探索了两种幺正矩阵。信号与背景均被模拟为末态粒子水平。”

这就是我论文里比较好的一部分，也是吸引所有引用者的那部分内容。

“我们发展了一种新方法，用以鉴别衰变到强子末态的 W。这种方法常被应用于较大质量的粒子，其衰变的过程会释放粒子束流，且束流夹角较小。”

很显然，要是我们还打算在我们设想的电影里加入关于巨型蚂蚁或其他某些东西的情节的话，那么在这部电影里，我们最多只能探讨其中的一种幺正化方法了。

罗宾：一部好的科幻作品需要一个稳定而一致的世界，在这样一个世界里，规则和定律不能随意改变来让情节描述变得更加简单。这也是电影《黑客帝国》后面几部被人诟病的主要原因。与第一部中的情节紧凑、有序相比，后续的几部《黑客帝国》在一致性上就差了许多。“嘿，尼奥，你会飞！”“当然，我之前没说过吗？”

在这方面，好的科幻作品其实与科学非常相似。一般情况下，一个新的科学理论不会与现存的其他科学理论相冲突，尤其不会与其他科学领域的原理相违背。当然，如果的确出现了冲突的情况，那么这一新理论仍然有可能是正确的，但这样我们就必须将之前所有的理论全部推倒重来一遍。我们希望科学会为我们提供的是一种一致的、不包含内在相互冲突因素的宇宙图景。

注释：

［1］大卫·科恩（David Cohen），1966年生，美国影视作家，制作人，代表作品有《辛普森一家》（*The Simpsons*），《飞出个未来》（*Futurama*）等。这句话是大卫·科恩于2015年7月13日参加《无限猴笼》第12季第2期节目录制时说的话。

［2］“TARDIS”是英国科幻剧《神秘博士》（*Doctor Who*）中一种虚构的时空机器，即所谓的“时间与空间相对维度机器”，它能够让人穿越时空。

［3］概率宇宙，是指宇宙中所有事物的产生、发展、结束的过程都有一定的概率，这一概率会决定事物的产生与否、发展方向、结束时间等。

［4］“麦高芬”（MacGuffin），一种电影表现手法，简单说就是电影中出现的看似并不重要，但对于推动故事情节发展有重要影响的人物或情节。这种手法在希区柯克的悬念电影中最为常见。在《太阳浩劫》这部影片中，太阳危机其实始终只是起到引导情节向前发展的作用，而影片实际讲述的是一个关于人性的故事。正是因为这一点，布莱恩没有计较科学性上的不合理，而选择让这部电影过关了。

［5］纪念碑谷（Monument Valley），美国西部的一个荒漠孤峰区域，有大量裸露的岩峰。2014年有一部同名游戏风靡一时。

［6］多丽丝·莱辛（Doris Lessing，1919—2013），笔名简·萨默斯，英国女作家，2007年诺贝尔文学奖获得者，代表作包括《野草在歌唱》《金色笔记》等。

［7］玛格丽特·阿特伍德（Margaret Atwood，1939— ），加拿大女作家，代表作有《使女的故事》《猫眼》等。

［8］克里斯托弗·诺兰（Christopher Nolan，1970— ），英国电影导演，制作人，代表作有《星际穿越》《敦刻尔克》等。

［9］丹尼斯·维伦纽瓦（Denis Villeneuve，1967— ），加拿大导演，编剧，代表作有《焦土之城》《银翼杀手2049》等。

［10］安德烈·塔科夫斯基（Andrei Tarkovsky，1932—1986），苏联导演，代表作品有《小提琴与压路机》以及《安德烈·卢布耶夫》等。

［11］一些阴谋论者将库布里克与登月造假联系在一起，说是库布里克帮助美国航天局拍摄了造假的登月影片。这一说法遭到了库布里克的女儿薇薇安（Vivian）的愤怒驳斥：“毫无疑问的是，类似我的父亲这样的艺术家会将艺术与个人对于政治和社会的观点融合到一起，并体现在他拍摄的每一部作品中。面对美国政府做出如此背叛它的人民的事情，你难道不觉得我的父亲会是第一个站出来反对的吗？”

［12］阿斯加德（Asgard），北欧神话中阿萨神族的地域，也称作“阿萨神域”，这里是雷神托尔（Thor）的家乡。

［13］爱因斯坦-罗森桥（Einstein-Rosen bridge），即“虫洞”的学名。由于这一概念最先由爱因斯坦以及美籍以色列裔科学家纳森·罗森（Nathan Rosen，1909—1995）最先提出而得名。卡罗尔根本没发明什么新词，他只是把“虫洞”换了个说法而已。

[14] 提示你一下，这里说的是《银河护卫队》里的小树人“格鲁特”（Groot）。

[15]《接触》（*Contact*）是卡尔·萨根的一本小说。卡尔·萨根（Carl Sagan，1934—1996）是美国天文学家，科普作家，杰出的科学传播者。早在1997年，这部小说就被改编为同名电影上映了（电影中文名译作《超时空接触》）。影片女主角埃莉诺·阿洛韦（Ellie Arroway）一角由美国女演员朱迪·福斯特（Jodie Foster）饰演。

[16] 杰夫·福肖教授（Jeff Forshaw）是英国曼彻斯特大学的粒子物理学家，乔·巴特沃斯教授（Jon Butterworth）是英国伦敦大学学院的物理学家。

[17] 阿兰·摩尔（Alan Moore，1953— ），英国作家，以连环画作品出名，被誉为“史上最好的绘画小说家”（best graphic novel writer in history）。代表作有《守护者》《V怪客》和《来自地狱》等。

[18] 1915年，爱因斯坦发表了《广义相对论》，其中提到了引力场中时间减慢的效应。

RIP
E = C²

第五章

证据 & 为何鬼魂不存在

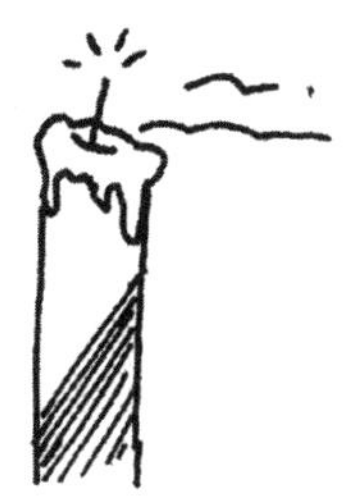

第一节　顺势疗法[1]

E=稀释再稀释的鸭肝汤，它可以治疗感冒；并非所有小数都可以忽略掉

“祖传秘方”常常被用作抗拒现代医学，并向人们兜售各种古代奇书药膏的最好理由——尽管在大街上叫卖的那些号称“人心”的东西，其实都是用豆腐做的。我们当然有理由不去完全相信那些制药巨头，但疏远某个团体并不意味着在它对面的一切都是对的，都是好的。

伪科学与替代医学[2]常常是庸医们的最爱。这类疗法的功效很多时候是经不起推敲的，否则伪科学便成了科学，替代医学也将成为医学。这类医学应当被称作无证据医学。而这类“医学”之所以能够大行其道，是因为我们不习惯接受基于证据的详细审查，而更倾向于去相信那些我们想要相信的东西。这是很自然的人类反应，因为作为个体，身体健康是我们最为珍视的东西，一旦有什么事情是涉及健康方面的，人们就很难对此做到绝对的客观。毕竟“纯天然”“草本植物”或者“全身调养”这样的词语，听上去总是比“合成”“药物”或者“正电子发射计算机断层扫描”（PET）这样的词语感觉要好一点儿，于是我们本能地更加愿意去接受所谓的替代疗法。而如果在其中还掺杂了一丁点儿的方程式或者看似科学的语言，那也只会增加它们的可信度而已。

尤其是顺势疗法，它长期以来一直未能被仔细审视，直到最近。我曾经与许多接受这种疗法的人交谈，他们似乎相信那是一种类似草药的成分，他们认为那些小药丸里面是“某些纯天然的东西”，很少有人了解其背后的“理论”。这些药丸的真正优势其实在于，它们“真的”与药房里的很多药物不一样，因为那里面“真的”什么都没有，完全就是一种安慰剂！

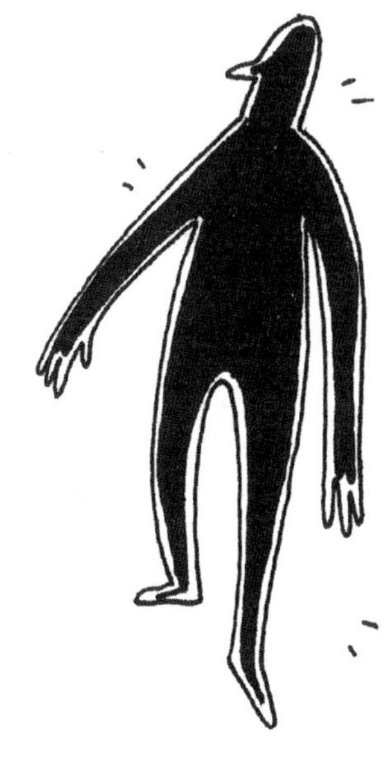

想想，还有什么能比“什么都没有”更天然，更不含那些令人恶心的化学物质呢？当然，顺口说一句，如果一个人真的要完全没有化学物质，那他 / 她应该是一种辐射状态，不幸的是，今天好像“辐射”这个词的名声也不太好。“化学物质是有害的！”——我们就是化学反应的结果。“自然的才是好的！”——死亡是一种自然现象。

2010 年 1 月 30 日，一个由默西赛德怀疑协会[3]领导的团体在药店门前举办了一次大规模的“顺势疗法药物过量服用”实验，他们称之为“10：23 运动”[4]。这场活动的目的就是向人们展示这些所谓的药丸真的没有任何功效，过量服用最大的风险是它们的糖分含量过高。

欧斯洛可舒能[5]就是一个典型的例子，向那些怀疑者鼓吹，通过“稀释再稀释”是可以达到治疗效果的。顺势疗法的一个核心思想就是“以毒攻毒”。比如说，如果你皮肤瘙痒起泡，那么你可以服用一些能引发类似症状的动物制品或植物制品。方法是首先将这些“药物”与水混合，“医师”会将其中的有效成分稀释，然后再稀释经过稀释的溶液，然后再稀释，再稀释，再稀释，如此重复——直到最后得到的溶液里面实际上已经近乎没有最初那些药物成分了——之所以这样做，或许是因为即便这种溶液里残留有一丁点的药物，患者的皮肤上都会起一个个大大的水疱吧。

欧斯洛可舒能据称是一种用鸭子的内脏制成的药物，用于治疗流感。按照其发挥最大药效的做法，平均用于稀释每份药物所需的水量，其中所含的水分子数量将超过全宇宙的原子数量。

2015 年，我们录制了一期节目，主题叫作“当量子被用于忽悠”（2015 年 2 月 9 日，第 10 季第 4 集）。对于我们主要用于打猎、采集野果子、看球赛以及在上下班的地铁上玩数独游戏的大脑来说，量子力学实在太违背常理、太不可思议了，以至于几乎任何的垃圾都可以用“量子”来包装自己。

如果你想要了解如何将物理学在误人子弟方面发挥到最高境界，那就看看顺势疗法的宣传手段吧。

他们把爱因斯坦搬出来，为哈内曼博士[6]的“思乡水”辩护，而我们不能确定，如果爱因斯坦还健在，他会不会喜欢这个主意。我们的确不了解这个，因为当我们试图通过 BBC 的通灵板[7]联系爱因斯坦的灵魂时，我们连接到了一个错误部门，然后听香奈儿说了一大通的时尚小贴士。

顺势疗法中的爱因斯坦的理论很简单。它是基于爱因斯坦最有名的质能方程，也就是 $E=mc^2$，围绕其中的 m 大做文章。

宇宙的质量其实很小，因为如果你把原子内部的空间全都拿掉，那就剩不下多少东西了。最后这句话是正确的，而且相当深刻。我们所看到的现实世界貌似非常坚固，但实际上更加准确的描述是大量的空间，加上强大的作用力。这一点常常会被我们所忽略。

引力是宇宙中最弱的基本力，但是如果你想挑战一下引力，比如作为一个体重大到能够弯曲时空的胖子，穿着人字拖到处跌跌撞撞地乱走，那么引力还是可以把你伤得很惨的。

顺势疗法者的理论是这样的：在质能方程中，既然 m 的值很小，那么基本上是可以忽略掉的，这样就只剩下 $E=c^2$。可以这样做吗？

爱因斯坦是非常聪明的人，如果这里可以消掉 m 这个项，他还可以说“你看，$E=c^2$ 也对”，那么毫无疑问，他早就这么做了。

那么对于这个问题，布莱恩·考克斯是怎么想的呢？m 究竟能不能消掉？

布莱恩：方程 $E=mc^2$ 是物理学中最广为人知的方程式了，但它究竟是什么意思？它从何而来？E 代表能量，对于物理学家们来说，这是个十分有趣的量，因为它守恒。这就意味着，如果你能精确地测定一个系统内粒子或物质在某种变化发生前后的总能量，那么你会发现这前后两个数值是完全一致的。正是这一特性让“能量”这个项变得十分有用。在爱因斯坦的理论中，$E=mc^2$ 源自一个描述粒子能量的更加通用的方程式：

$$E=\frac{1}{\sqrt{1-\frac{v^2}{c^2}}}mc^2$$

公式中，v 代表粒子的速度，m 是粒子的静止质量，而 c 则是光速。

在一个由粒子组成的系统中，我们可以逐个计算每个粒子的能量，并将数字累加，得到该系统的总能量数值。对于那些运行速度足够慢的粒子，它们再与光速做对比，这个方程式就变成了：

$$E=mc^2+\frac{1}{2}mv^2+\cdots$$

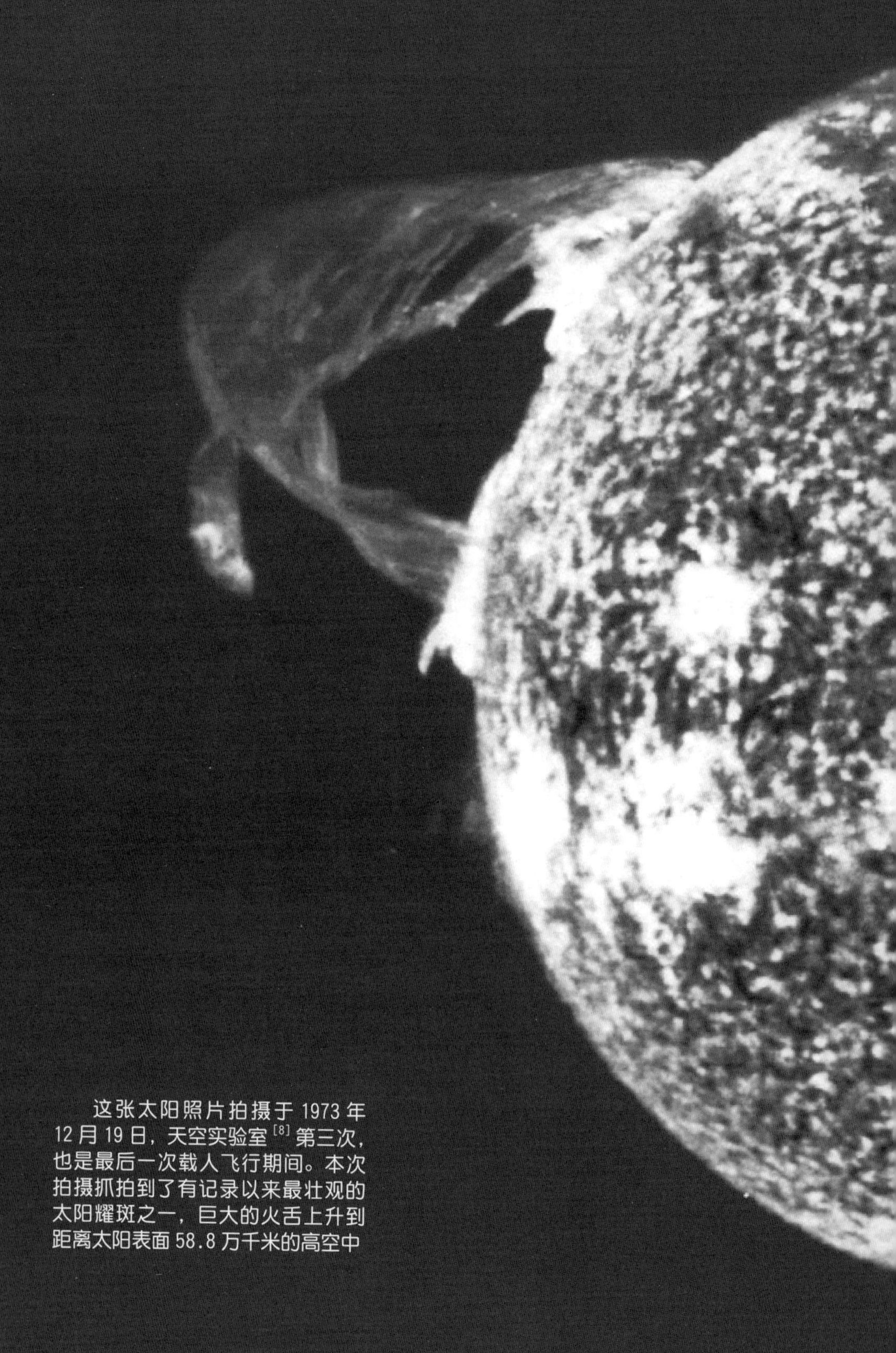

这张太阳照片拍摄于 1973 年 12 月 19 日，天空实验室[8]第三次，也是最后一次载人飞行期间。本次拍摄抓拍到了有记录以来最壮观的太阳耀斑之一，巨大的火舌上升到距离太阳表面 58.8 万千米的高空中

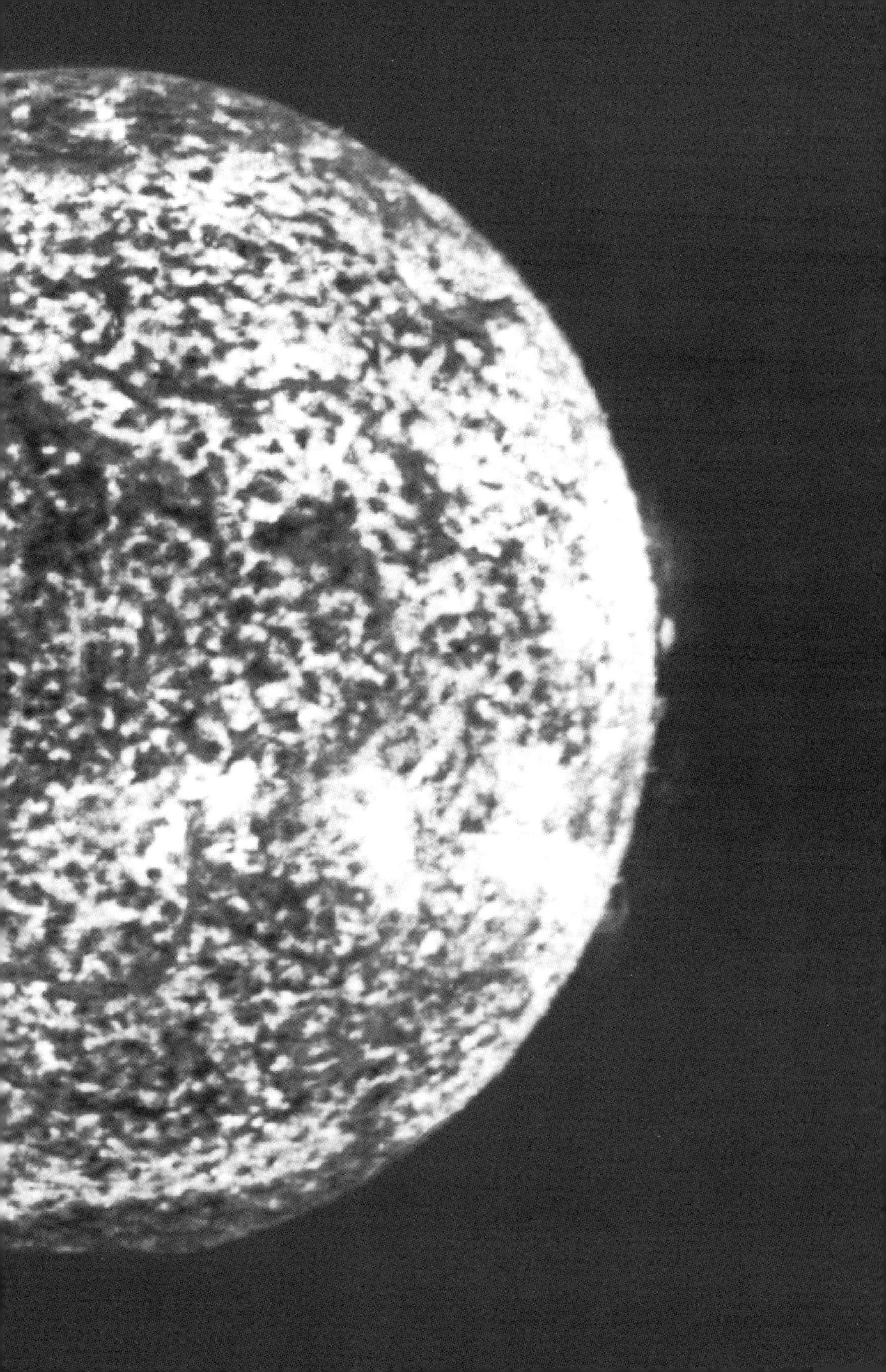

如果你对学生时代的物理课还有一点儿印象，那么你应该能认出来，这个公式里有动能公式，也就是粒子由于其运动而具有的能量。请注意，即便粒子不运动，它也具有能量，其数值即为 $E=mc^2$，这里的 m 被称作粒子的静止质量。因为需要守恒的是系统的总能量，因此一个粒子，甚至大量粒子都可以损失质量，只要这种损失由相应的动能来补偿即可。这方面，太阳内部氢聚变为氦的反应就是非常好的例子。

在太阳内部，4 个质子会聚变成 1 个氦核，同时释放 2 个电子以及 2 个被称作电中微子的粒子。原先 4 个质子的总静止质量要超过核聚变反应之后产生的 5 个新粒子的总静止质量，其中少掉的质量则以这些新粒子所具有的动能来弥补。这也正是太阳热量的来源。

由于能量守恒的性质，它是一种很好的计算工具。如果下次再有人跟你诉苦，说看了斯坦利·库布里克的月球电影感到“负能量”爆棚，到时你就能引用能量守恒的概念了！

那么，这个公式 $E=\frac{1}{\sqrt{1-\frac{v^2}{c^2}}}mc^2$ 又是从哪里来的呢？

这个方程属于狭义相对论的一部分，是爱因斯坦在 1905 年推出来的。爱因斯坦不得不对物理学进行大规模改造，以便满足他的理论中所做的两大假设，这两个假设触及了宇宙的基本结构。

其中第一项假设是说，人类不可能设计出一项能够判断我们是否处于匀速运动中的实验。物理学家将我们的观察视角称作参考系，匀速运动的参考系则被称作惯性参考系。如果说得更加精确，也更加简洁，我们可以将爱因斯坦所做的第一项假设概括为：在不同惯性参考系下进行的相同实验会得到相同结果[9]。这一假设是无法通过理论推导得到的，它来自对自然界的细致观察。

爱因斯坦的第二个假设是：真空中的光速在所有惯性参考系中都是相同的。

他的这一思想受到了詹姆斯·克拉克·麦克斯韦电磁理论的启发，而麦克斯韦的理论本身又是基于迈克尔·法拉第和其他科学家的实验结果。从这个角度讲，爱因斯坦的第二个假设同样源自实验结果，因此

也是无法从理论上推导出来的。正是基于这两大假设，我们才得到了 $E=mc^2$ 这个公式，而基于这两个假设去导出这个公式的过程并不复杂。大学一年级的物理课上就会涉及这个问题，只需要用到基础数学知识。

现在，让我们来看看为何那些顺势疗法家的说法是荒谬的：由于一个物体的质量，即 m 很小，甚至是 0，因此 $E=mc^2$ 这个公式可以简化为 $E=c^2$。很显然，这是胡扯，因为在上面的式子里，如果将 m 变成 0，E 也会变成 0。

不过，从这种愚蠢的做法中，我们还是可以找到一些很有趣的东西，那就是一个质量为 0 的物体，其能量不一定为 0。这种微妙的差异源自这个公式：

$$\frac{1}{\sqrt{1-\frac{v^2}{c^2}}}$$

按照这个公式，如果一个粒子以光速运动，看看会发生什么？在这种情况下，以上的公式会变成 1/0，这是无穷大的值。对于一个质量为 0、以光速运动的粒子，我们的能量公式就变成了无穷大乘以 0，这在数学上是没有意义的，此时这个方程式失去了意义，因此，当一个质量为 0 的粒子以光速运动时，我们不能说它的能量是 0。

在相对论中，还有另外一个公式具有相似情况，即粒子的动量：

$$p=\frac{1}{\sqrt{1-\frac{v^2}{c^2}}}mv$$

如果我们将前面的能量公式与这个动量公式相除，我们就得到：

$$\frac{E}{p}=\frac{c^2}{v}$$

根据这个方程，当粒子速度为光速时，$v=c$，那么方程就变成了：

$$E=pc$$

于是对于一个质量为 0 的粒子，其能量和动量都可以得到很好的定义，但仅仅适用于粒子以光速运动的情况下。也就是说，爱因斯坦的理论允许质量为 0 的粒子存在。组成光的粒子（光子）就是一种质量为 0 的粒子，这也是它必须以光速运动的原因。

或许，那些顺势疗法家想表达的也是这个意思，但这种可能性不大。

罗宾：所以，上面这个故事想要表达的基本思想就是，如果你因为某个物理常数或数量看上去很小而想要把它删掉，那么你可能发现自己正在删掉整个物理学。

有时候，物理学需要一些非常微小的量来保证理论的有效性，确保宇宙的存在是合理的。一个物理学家的声望并非基于他的名字所联系的数字有多大，在国际单位制（SI）中，阿伏伽德罗常数（$6.022140858 \times 10^{23}$）要比普朗克常数（$6.626070040 \times 10^{-34}$）大上好多个数量级，但很显然这并不意味着作为一名科学家，阿伏伽德罗就比普朗克更加伟大，或者我们可以忽视量子理论。

或许你也会觉得 π 在小数点后面的数字太多了，但不要以为你可以只保留三位小数，而把其他数字都忽略掉，因为那样做之后，你会发现很多计算都会出现问题。

不管你是删掉 *m* 还是保留 *m*，反正如果哪天你得了流感，我们还是建议你喝一碗货真价实的鸡汤，盖好被子保暖，而不是求助于那些号称用鸭肝和鸭心做的安慰剂。

注释：

［1］顺势疗法（homeopathy），替代疗法的一种做法，大体意思是为了治疗某种疾病，需要使用一种能够在健康人中产生相同症状的药剂。比如病人得了疟疾，那就使用一种会引起与疟疾相似症状的药物来抑制疟疾，类似“以毒攻毒”的思想，争议很大。

［2］替代医学（alternative medicine），也叫替代疗法，是由西方国家划定的常规西医治疗以外的补充疗法，包括冥想疗法、催眠疗法、顺势疗法等，部分疗法的功效存在争议。

［3］默西赛德怀疑协会，Merseyside Skeptics Society（MSS），一个位于英国默西赛德郡的非营利组织，其宗旨是推动英国社会的科学质疑精神。

［4］布莱恩：我反对这场活动所用的这个名字，它应该是 10^{23}，代表阿伏伽德罗常数的数量级，这是 1 摩尔物质中所包含的粒子数量。但这样还是有问题，因为阿伏伽德罗常数的数值应该是 $6.022140858 \times 10^{23}$，如果四舍五入，也应该是 10^{24}。因此，即便我们允许做这样的简化和演绎，那么这个名字也应该是 10 : 24。反正我不喜欢这个名字。

［5］欧斯洛可舒能（Oscillococcinum），法国产的一种顺势疗法感冒药，其宣称有效成分是鸭肝和鸭心，每次以 100 倍的比率稀释，连续稀释 200 次，用以治疗流行性感冒。很多科学家对其嗤之以鼻，认为它根本没有任何效果，类似安慰剂。

［6］哈内曼博士（Samuel Hahnemann，1755—1843），德国医生，顺势疗法创始人。

［7］通灵板（Ouija board），欧美的一种占卜方式，源于古代巫术。它的外形为一种平面木板，标有各类字母、文字、数字或其他符号，据称可以让使用者与鬼魂对话。

［8］天空实验室（Skylab），美国的第一座空间站，1973 年 5 月 14 日发射升空，一直到 1979 年坠落地球，该空间站上安装有专用的太阳望远镜。

［9］这是爱因斯坦狭义相对论中的一个重要假设，也可以这样理解，即在不同的惯性参考系中，一切物理定律都是相同的。

第二节　鬼魂存在吗？

我觉得鬼魂是永动机。因为至少在我看来，它们违反了热力学定律。

——布莱恩·考克斯，第4季第6集（2011年7月4日）

人们想到以后成为一个科学家时，最常想到的一个问题就是："那样的话，我还可以相信鬼魂吗？"

有人说，无神论者能够感受到自己的内心有一个上帝形状的空洞，而素食主义者内心的空洞则是培根形状的。那么，科学家们的内心是不是也会有一个鬼魂形状的空洞呢？如果真的有，这种形状又该是什么样的？

布莱恩：我们打算将人类历史上曾经发生过的，所有无法用科学解释的超自然现象罗列一遍。

其实我们每个人都见过鬼魂，难道不是吗？这仅仅取决于你的大脑额叶[1]允许你相信多长时间。我们都是在听各种神话故事、传说和篝火旁的鬼故事中长大的。对于这样的我们来说，在某个月黑风高的夜晚，很难避免有时候会突然感觉有一只手搭在你肩膀上，或是突然在镜子里看到一张陌生的面孔。如果晚上置身于一座16世纪的空空荡荡的建筑，烛光忽明忽暗，光影闪烁，即便是意志最坚定的无神论者，也很难避免恍惚之中产生某种背后有人的感觉。

在酒吧狂欢之后深夜回家，路上穿过一大片墓地，走到一半时，你眼睛的余光很有可能会看到一个正对你怒目而视的女人——一个孤魂野鬼。此时，你的大脑额叶被一脚踢开，杏仁核[2]接手，它说："你知道，我确信那里什么都没有，但还是赶紧逃命吧！"

水平更高的无神论者则不会这样，他们不会承认自己是被一个鬼魂吓到了，他们会坚持认为自己看到了一个“真正的女人”，她正打算为自己所遭受的宗教迫害找人复仇。但不管如何，这样的无神论者大脑内的杏仁核一样会说：“那里或许什么都没有，但还是赶紧逃命吧！”

你的脚步惊散了一群游荡的狐狸，你终于抵达了目的地，你的大脑额叶重新掌控局面，那个可怕的女人不见了，剩下的只不过是静静的墓碑而已。

罗宾：我曾经非常荣幸地与电影《雷恩的女儿》的主演莎拉·米尔斯一起参与一档电台节目，其间，她有些急切地问我：

“你认识演化生物学家理查德·道金斯吧？”

我回答说：“对，我知道一些。”

“很好！那或许你可以帮到我。他不相信鬼魂存在，对吧？我有办法让他相信。我那里有一栋房子，里面一直闹鬼。我想让他去那里，用链条把他锁在床边，放他一个人在那里待上一晚，很快他就相信鬼魂的存在了。你能帮我联系他吗？”

我这人特别乐于助人，所以就把道金斯的电子邮件告诉了她，但我不知道后来他到底被锁在那栋房子里没有。

如果你想要探讨在不违背宇宙各项法则的情况下，鬼魂存在的可能性，那么首先我们就要弄清楚究竟什么是鬼魂。在我看来，鬼魂可以定义为是一种在人或其他生物死后仍然存在的能量形式，它能够以某种方式、在某种程度上与现实世界发生互动，并被我们的感官所感知。

布莱恩：如果你要我来定义什么是鬼魂，我做不到，因为我不能对一种根本就不存在的东西给出严格定义。这个想法如何？那屋子里或许是一个穿着道具服的看门人，他希望吓走那些讨厌的野狗和嬉皮士，最终获取经济利益。如果没有你们这些多事的物理学家，他多半可以悄无声息地做下去。

罗宾：《尤瑟本鬼屋、鬼魂与幽灵手册》这本书里给出的鬼魂定义是“人们死后的灵魂”。书中将鬼魂与幽灵做了区分，认为鬼魂不同于幽灵的一大特征就在于它们往往看上去非常真实，有些鬼魂可能会有某种光晕或亮光环绕，其他的则更多是无色的，或是透明的。

布莱恩，人们的问题在于，为什么你们物理学家会觉得这种想法非常荒谬呢？比如说一个幽灵保持着那个死去的人的形状，说不定它手里还端着自己的头。

布莱恩：如果人在死后真的会留下灵魂或者鬼魂，那么它必然会携带有关这个死去的人的一部分信息——比如在你所举的例子里，它必须知道它的头已经被从身体上砍了下来，它还知道在这个人生前，他的头和身子是什么模样的。除此之外，我们可以做这样的假设，在一个人活着的时候，某种程度上他的灵魂就是“他”本人——我们的肉身就像机器，而灵魂就是那个操作员，负责操作那个由无数粒子所组成的我们的身体。如果我们接受以上两个观点，那么我们就可以继续向下推理。

首先，灵魂/鬼魂必须是由什么“东西”组成的，因为它们能够携带信息。我们在这里大胆假设这种“东西”是某种科学界尚未了解的未知物质。宇宙中存在某种我们尚未发现的物质，这是完全有可能的。但这种物质的性质是有一些限制的，因为我们实际上对它有一定的了解。比如说，我们知道它必须能够与普通物质之间发生相互作用。为什么？因为鬼魂知道组成身体的物质是什么样的——鬼魂的外观看上去与死去的人生前是一样的，因此我们可以推断灵魂携带了某些非常物质化的物理信息，也因此必然要与普通物质发生相互作用。更进一步，如果灵魂果真是一个人身体的精髓，比如说你，那么它必然要频繁地与你身体的组成物质之间发生相互作用。比如它要告诉你的手拿

好此刻你正拿着的书，它要告诉你的眼睛扫过书页，以便阅读这些文字，它必须控制你身体的一举一动。

因此，如果假定鬼魂或灵魂存在，我们必须明确这种尚未被科学界了解的物质是如何与普通物质发生相互作用的。要做到这一点将极为困难，因为人类对于物质如何相互作用已经有了非常好的认识。粒子物理学正是研究物质及其相互作用的一门科学，它属于科学中最精确的领域之一。比如说量子电动力学（QED），这是我们研究光与物质的科学，它描述物质之间如何通过电磁力而发生相互作用。电磁力是你之所以能够感知这个世界的原因。你拥有视觉，是因为光子，也就是组成光的粒子，同时也是电磁力的载体——从某个发光体产生，或者经由某个外部物体反射后进入了你的眼睛，并与视网膜上的分子发生了相互作用；你拥有触觉，是因为你指尖内的电子与你所接触物体内的电子之间通过光子的交换而产生了相互作用，诸如此类。

同样的道理，如果你能“看见”一个鬼魂，那么组成这个鬼魂的物质就必然能够与光子发生相互作用，那它也就必然要遵循与光子相关的理论。

量子电动力学，或者说QED，有多精确？举一个例子，它有一个关于描述电子在磁场内行为模式的计算，然后这个计算结果要接受一个叫作“g-2”的实

验检验。这些实验的设计对于任何可能与光子之间发生反应的因素都非常敏感。到目前为止，科学家们发现理论计算的结果与实验结果之间的吻合精度在一亿分之一的水平之上。有趣的是，g-2 实验中对比电子质量稍大一些的μ子[3]（见本书第 143 页）的测量结果则显示出理论计算值与实验值之间的差异，这可能是一种尚不了解的新的粒子或力的信号。目前，在美国芝加哥附近的费米实验室正在开展一项名为“μ子 g-2”（Muon g-2）的实验，对这一信号进行更加深入的研究。

这件事的底线在于，即便真的存在物质发生相互作用的其他方式，那么在我们身体运作的这种“低能”条件下，这种作用必然是极为微弱的。这种力或许在宇宙大爆炸之初非常重要，因为那时候环境中的能量极高。或许它会在测量精度极高的 g-2 实验中显现出来，但在“室温”条件下，这种可能存在的未知粒子或者力，对于组成你身体的质子、中子和电子的影响十分有限，甚至接近于不存在。

当然，你也可以质疑以上的说法，但你必须提出自己的替代理论，并且必须在允许鬼魂 / 灵魂存在的情况下，做出能够被实验所验证的预测。因此，对于那些相信鬼魂或灵魂存在的人来说，他们最大的挑战将是扩展现有的粒子物理标准模型，因为这一理论模型是得到迄今所有实验证实的。他们必须从这个模型出发，去搜寻自然界中可能存在的第五种基本力，并且这种基本力还必须足够强大，能够提供一种对你的身体产生显著影响的机制，而后者本身是由质子、中子和电子所组成的，关于这一点是毫无争议的。

仅仅因为你是一位科学家，或者刚刚在科学界崭露头角，并不意味着你能够理解自己所遇到的一切，你会遇到很多你所不了解的事情。那么这时候，那些容易上当受骗的人和那些勤学好问的人之间的最大区别就在于：后者会积极探索，并努力弄清楚自己之前不理解的东西。到目前为止，我还没有遇到一种现象，能够彻底颠覆我对物理学、数学和天体物理学的理解。

——尼尔·德格拉斯·泰森[4]圣诞节特别节目（2016 年 12 月 27 日）

罗宾：假如开尔文勋爵[5]的鬼魂找到你，并且宣布热力学第二定律不影响他的鬼魂来找你，你有什么想法？

布莱恩：我会邀请他和我一起，把他的这个想法写成论文发表，然后坐等拿诺贝尔奖。

事实上，这里就提出了一个论点，而这个论点是很多阴谋论者时常忽略的。这些人声称，他们认为所有的科学家都是某个秘密团体的成员，这个团体的宗旨就是打压不同意见，进而维持现状。但是你会发现，科学界的最高奖项，不管是声望最高的还是奖金最高的，基本都是颁发给那些发现了某种全新的现象，进而颠覆现有认知的科学家。之所以这种颠覆性的发现非常罕见，是因为它非常困难。从某种意义上说，身为一名21世纪的科学家，最大的悲剧或者挑战，就在于基本上所有“容易”的研究都已经被做完了！

总之，我会非常乐意发表一篇题为《关于开尔文爵士鬼魂存在的证据》的论文，但我觉得真的能写成的希望不是太大。

如果人们能够用意念移动物体，或者让一杯水无缘无故飞上天，那将要求我们对现有的自然规律做出重大修改。如果真的发生了，那就是诺贝尔奖级别的发现。

尼尔·德格拉斯·泰森：是的，要是真发生那样的事情，那我就彻底蒙啦。

罗宾：如果我把你家的电话告诉莎拉·米尔斯，你会同意被锁在她说的那座房子的床边吗？

布莱恩：其实我觉得我们应该去那座房子里录上一整晚的《无限猴笼》，那样的话，我们将有一位鬼魂嘉宾参与我们的节目。

第229页：2013年夏季，“μ子 g-2”实验团队成功地将一块宽度超过50英尺（约合15.2米）的电磁铁一次性从纽约长岛运送到了芝加哥

罗宾：你觉得大型强子对撞机对于人类的最大贡献最终会不会变成了证明鬼魂不存在，而不是它找到了希格斯玻色子，增加了我们对于宇宙质量起源方面的认识？

布莱恩：不会。不管如何，我想“μ子 g-2”实验或许会对新的物理学更加敏感一些。

罗宾：等一下，如果鬼魂实际上是从其他宇宙来的幽灵，会如何？这种情况有可能吗？

布莱恩：我猜你的意思是来自额外维度的幽灵。答案是否定的，因为如果的确存在额外的维度，在室温条件下，我们也是不可见的。根据你刚才说的鬼魂理论，我们可以看到鬼魂，那这就意味着它们会与光子发生相互作用。毫无疑问，光子是无法穿越不同维度的，所以这个问题就再次回到了原点。当然，我们也的确在大型强子对撞机上进行的粒子对撞过程中搜寻，看看在高能条件下是否存在这种额外的维度。根据量子引力学理论，这些能量能够经由一种被称作引力子[6]的粒子来传递，这种粒子被认为是引力的载体。但到目前为止，我们尚未观察到任何疑似迹象。

罗宾：好吧，那狼人这个主意怎么样？

BAY-CRANE
BAY CRANE
AY CRANE
EMMERT

专题：如何撰写科学口号？

2017 年 4 月 22 日，全世界各地的人们发起了科学大游行，那是一场庆祝人类科学进步的游行，并督促政府保障、鼓励科学研究工作的开展。游行很壮观，到处都是身着各色实验室工作服的人群。参与游行的主体是年轻的研究人员、博士生以及大量的科学爱好者，他们或许仅仅是喜欢通过望远镜观察星星，他们期待政府能基于证据制定各类政策。参与这场游行的最年长的人在 2000 岁至 40 亿岁之间——关于这一点还有些争议，因为他是神秘博士[7]。是的，神秘博士的饰演者之一彼得•卡帕尔蒂也参与了这场游行。他喜爱科学，不论是在影片中演一个虚构的角色，还是在现实中作为一位出色的演员，都是如此。

在部分游行地点，人们使用了统一风格的海报，可以想象在游行之前，他们肯定在硬纸板和标记笔的包围之中度过了一个忙碌的夜晚。他们的海报上可以看到爱因斯坦的画像，下面写着“削减科学经费让我感到相对沮丧”“没有第二个地球”“科学就像魔法，但却是真实的”以及“1+1=2”（要知道，伯特兰•罗素和阿弗烈•诺夫•怀海德可是花费了整整 10 年，在《数学原理》中用数百页的篇幅论述过这个问题的）。还有，别忘了“对科学家的独裁是氪星爆炸的原因”[8]。

科学游行的最大问题是必须想出合适的口号，首先这些口号在科学性和准确性方面必须是无懈可击的，然后还要考虑韵律和朗朗上口的问题。这样的口号提出来是要附带注释和文献附录的。一些领头的人会选出大家都觉得不错的口号，但是突然之间就会有人提出：“等一下，根据最新一期的《表观遗传学》杂志，这个口号涉及的话题还有比较大的争议性。”然后所有人就会重新开始构思一个能够通过“同行评议”的口号来。

对于那些热切期待下一次科学大游行或是其他形式的科学集会，并且需要口号或者标语之类的人，后面一页上的内容或许可以为你提供参考。

当游行和口号达到最高潮的时候，队伍最前面的人甚至还做了一个实验，看看人是不是也可以具有波粒二象性。前面的人大声喊道：“给我们一个粒子！”人群大声回应：“粒子！”并用拳头和手势去模仿一个粒子；然后前面的人大喊：

“给我们一道波！”紧接着人群从前面开始先后蹲下再站起来，呈现一道波传播的画面。我们想要看看这道波能否一直传递到这 12000 人的庞大游行队伍的最后，结果当然是没有。这主要还是那些有自由思想的人在作祟，他们总是反感过于整齐划一的事情，尤其是这种类似集体舞的行为。好了，我们已经为你们的下一场游行策划了几条聪明的口号，那么，你自己为什么不也来试试呢？

你想要什么？____

你什么时候要？____

祝你好运，不，等一下，“运气”这个词不科学。要不还是这样吧，我们希望你下次游行活动的结果，将有极高的概率取得成功。

（不过请注意，虽然这里说了“下次”，但是作者并不保证时间是线性的。）

第一条口号

（受此前被淘汰的几条标语启发而来）

我们要什么？
基于证据的政策！
我们什么时候要？
经过同行评议以后！

第二条口号

（这次游行的一大核心目的是呼吁政府采取有效措施应对气候变化）

我们要什么？
气候变化！
我们什么时候要？
以地质时间[9]为单位！

第三条口号

（我们生活在一个概率宇宙中，即便在游行时也必须随时考虑量子的不确定性）

我们要什么？
处于叠加态的猫！
我们什么时候要？
被观测到之前！

注释：

[1] 大脑额叶（frontal lobe），脑发展最晚的部分，约占人类大脑半球的三分之一，大致在中央沟前方、外侧裂上方。该部位内部的细分区域分别负责人类思维的很多重要分支，包括言语表达、计划、监控、注意、情绪、抽象、意志等。

[2] 杏仁核（amygdala），附着在海马的末端，呈杏仁状，是大脑边缘系统的一部分，研究显示它与人类的恐惧应激反应有关。

[3] μ 子（muon），一种带有一个单位负电荷、自旋为 1/2 的基本粒子。μ 子与同属于轻子的电子和 τ 子具有相似的性质。

[4] 尼尔·德格拉斯·泰森（Neil deGrasse Tyson, 1958— ），美国天文学家，纽约海顿天象馆馆长，世界著名的天文科学传播者。

[5] 开尔文勋爵（Lord Kelvin, 1824—1907），英国数学物理学家，热力学温标（绝对温标）发明人，被称为“热力学之父”。

[6] 引力子（graviton），又称重力子，是物理学中一种传递引力的假想粒子，目前科学家们仍不能确定其是否真的存在。如果它真的存在，那么两个物体之间的引力作用可以归结为构成这两个物体的粒子之间的引力子交换过程。

[7]《神秘博士》（*Doctor Who*），是 BBC 制作的一部科幻电视剧，讲述一个自称为“博士”的人的冒险经历。自 1963 年开始，播出超过 800 集。随着时间推移，其中博士的扮演者会有改变，称为“重生”，博士的故事也就随之不断延续。

[8]“对科学家的独裁是氪星爆炸的原因！”——“氪星”（krypton）是美国动画人物“超人”的故乡。在《超人》第一部中有这样的情节：氪星科学家乔·艾尔警告氪星将要爆炸，但意见被压制，最终氪星毁灭。

[9] 地质学上所用的时间单位和我们生活中所熟悉的时间单位有很大差异。我们一般喜欢用天、月、年来表达时间，但在地质学上，由于地质事件的发生速度极为缓慢，时间单位常常是以 Ma 或者 Ga 为单位。1Ma 是 100 万年，1Ga 是 10 亿年。

第三节　一场争论

一

知觉

在《无限猴笼》节目的制作过程中，争论是比较少见的，但一旦发生，就会非常激烈。

一般情况下，这样的争论会围绕某种逻辑展开。布莱恩是一个非常逻辑化的人，他还痴迷于方程式。在录节目的过程中，布莱恩是没有办法用小白板写字的，于是他会在自己的大腿上绑一块小板子，这块小板子会把一些麦克斯韦方程输入到布莱恩的血液里。在布莱恩的头脑中，如果某个东西是不能用方程描述的，那它就是不存在的，就像瓦肯星人："人类称之为爱的那种情绪究竟是什么？"

我们第一次激烈争论的话题是关于人的知觉，但是到了那天晚上，我们都会坐下来，与贝奥•劳托以及克劳迪娅•哈蒙德和阿兰•摩尔等人一起探讨人类如何认识现实世界的话题。当然，讨论之前我们会先相互大吼大叫一番。

人们是不太能看到布莱恩表现出什么不安的情绪的，即便我们讨论的话题是地球上所有生命全部灭绝，或者宇宙的最终热寂[1]，布莱恩的脸上也会带着天使般的微笑。"你不能站在自然之外观察自然"这句话我认为与我们今天的讨论话题有关，但是当我引述时，布莱恩的眉毛动了一下，显示出愤怒的表情。

欢迎来到《无限猴笼》情景重现！5年来的头一次！我们打算得出一个结论来，而且一劳永逸。

罗宾：在我看来——当然我是那种完全不懂方程式，对《贝奥武夫》[2]的了解多过海森堡[3]的人。在我看来，人类无法从自然界之外理解自然界的原因是非常简单的。我们与地球上的其他生命一同演化。我们的大脑功

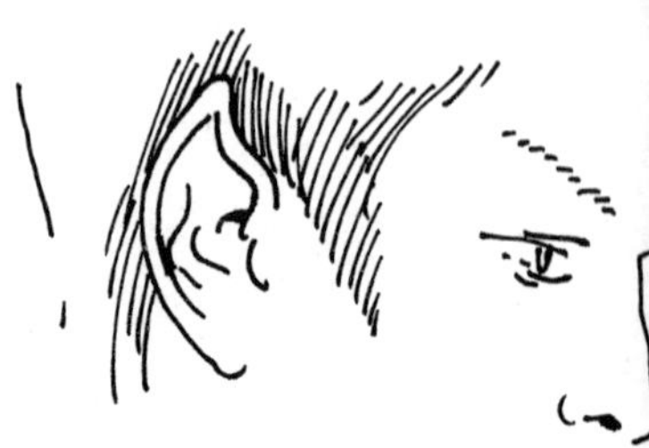

能经过变异、遗传和自然选择，其任务便是确保我们的生存，并且我们认为我们的知觉能力和对外部世界的好奇心，都是超越地球上所有其他生命的。我们能够制造出探索太空的飞行器，我们可以制造出探索亚原子世界的粒子对撞机，但这一切并不能表示我们的大脑没有受到生物演化的限制。我们的大脑是与大自然共同演化的产物，当我们探索自然时，我们难免受到这样的大脑所带来的局限。我们并不超脱于或高于自然，甚至可能永远都无法察觉到这种施加在我们身上的局限性，因为我们永远无法超越自身的能力限制。

布莱恩：这或许是正确的，但也可能并不正确。这是一种猜想，并且这种猜想所包含的信息非常少。我们能够确定的是，我们的大脑帮助我们构建了用于描述外部世界行为的模型，并且这些模型非常成功。举例来说，爱因斯坦的广义相对论让我们有能力对遥远星系的光进行解读，并由此非常有把握地认为我们这个宇宙起源自大约 138 亿年前的一次“大爆炸”事件。我们的理论还让我们成功预言了某些事物的存在，并在后续的观测中得到了证实。这方面，希格斯玻色子的发现就是一个极好的例证。粒子物理学的标准模型代表了我们当前对于原子和亚原子物理，以及自然界四种基本力中的三种力的最新认识。我们预言了一种新粒子的存在——一种真实且完全不属于我们日常生活经验范畴的新事物的存在。半个世纪之后，这一预言在大型强子对撞机中得到证实。这并不是说我们必然能够在未来的某个时刻找到所谓的万物理论，也就是对于宇宙的完全理解，即便这样的终极理论确实存在。那么在智力上，我们或许有这样的能力去发现它，但也或许并没有。我们唯一能说的是，到目前为止，在探索科学的道路上，我们的智力、能力表现得还不错。

罗宾：这场讨论与我们上节目之前的争论很不相同。那时候你从来不说“这或许是正确的，但也可能并不正确”这种话，你只会骂我是个白痴，然后说我说的那些都是垃圾、废话。我想这可能属于“饥饿愤怒”，也就是当你好几个小时没有吃东西的时候感受到的那种愤怒情绪。

不过，你有没有担心过这样一个问题，那就是：人类能力的局限性或许限制了我们对于宇宙的认识，或许我们对于宇宙的感知只是一种让我们自己感到满意的模型。也就是说，我们或许可以找到一种让我们自己感到满意的“真相”，但是却永远无法更进一步，抵达真正的现实。我们所以为的现实只是最适合我们的而已，但这足够吗？有没有可能还存在其他的智慧生命，由于他们是在不同的环境下演化的，因此他们会归纳出最符合他们自己经验的规律和法则，但那些规律和法则却和我们的大相径庭？哦，现在我们坐在这里，我的猿类大脑还对弦论充满着疑问，我该坚持这种想法吗？会不会在我弄懂它到底是什么东西之前，它就已经被证明是荒唐的，不可能的？

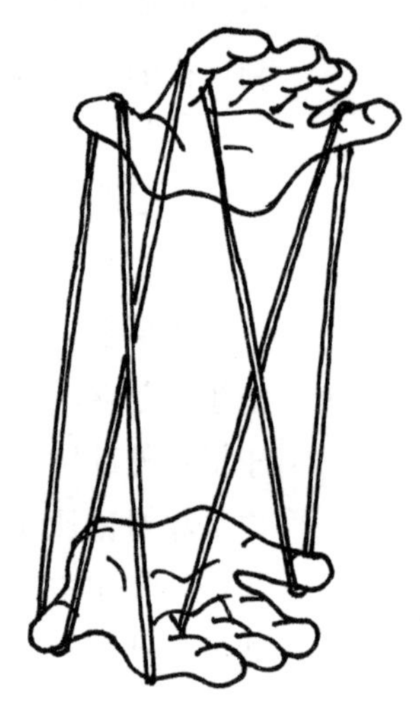

布莱恩：我从不担心我们的理论是否只是一个模型，尽管我的确更加倾向于将它们视作模型。以爱因斯坦的广义相对论为例，这是一种关于时空的理论，常常被描述成“宇宙的纹理”。与牛顿的万有引力理论不同，在爱因斯坦的理论中，引力并非两个大质量物体之间存在的一种力，而是由于大质量物体的存在导致“宇宙纹理”发生了扭曲。在这里，我们就有了两个模型，它们对于引力的本质有着非常不同的刻画。爱因斯坦的模型比牛顿的模型“更好”，因为它与观测结果的吻合度更高。哪个模型才是对于自然界的“真正”描述？或许都不是，我们猜想应该会存在对于引力的量子化描述方式，其中应该会涉及一种新的粒子，其作为引力的载体，作用于恒星与行星之间，也就是所谓的引力子。这样一个描述将引力统一进粒子物理的标准模型之中，后者目前已经包含了自然界四大基本力中的三种。这样一个理论会是终极模型吗？会是对自然界的终极描述吗？天知道。我们的科学理论只能帮助我们理解我们看到的事物，做出预测，并对事物进行测量，比如我们宇宙的年龄。它们也很实用：延长了我们的生命，并让我们享受更加富足、更加丰富多彩的生活。我不认为我们还应该去对科学苛求什么。

关于你提到的另外一个话题，我不认为宇宙中其他地

方的某个智慧文明，会得到与我们截然不同的关于自然界的认识图景。他们或许会有不一样的模型,但不管他们关于引力的模型是什么，最终还是将简化成类似牛顿描述行星围绕恒星运行规律的某种形式；不管他们关于原子的模型是什么，必须能够解释为何氢原子能够产生 21 厘米波长的辐射；不管他们关于化学的模型是什么，必须能够解释氢和氧为何能够相互反应产生水。在整个可观宇宙中，所有的智慧文明都生活在同一个现实世界之中，他们也都是同一个现实世界的一部分。即便他们各自的模型或许有所差异，但他们所做出的预测将是大致相同的，就像牛顿和爱因斯坦的不同模型，对于行星围绕恒星运行轨道的预测都是非常相似的。

所有的猿类大脑对于弦论都有疑问，因为如果以能够做出可供观测检验的预测为标准，那么我们目前根本就没有完备的弦理论。这或许是因为我们尚未将这一理论发展完善，也或许正如你所言，我们还达不到发展这一模型所需要的聪明程度。也有一种可能，那就是弦论这个模型或许根本就是一个错误的方向。究竟如何？我们还不知道。

罗宾：我想我会接受这样一个事实，我肯定是不够聪明的，大概还会继续保持和乌贼下棋的那种水平。你有没有想过，作为一种喜欢“搜寻模式”的生物，我们或许在将我们的理论放进某种让我们自己感到满意的模式中？我们是否会对其他可能性视而不见？或许，由于我们人类大脑的局限性，你对于现实世界的认识可能将只能局限在某个有限的水平上，但与此同时，有一种可能性是：宇宙中的其他智慧生命却已经或将会达到对宇宙的真正理解。这种想法会让你感到沮丧吗？

布莱恩：我们已经发展出一些模型，能够让我们做一些非常棒的事情，比如医药和基因工程、飞行器以及计算机，甚至最终我希望它将让我们有能力成为一个太空物种，将我们的后代散布到宇宙繁星之间，对我来说这就足够了。我相信追求“终极真理”的做法都是好高骛远，从来都不会有什么好的结果。

罗宾：我同意。永远不要相信那些声称掌握了“绝对真理”的人。他们总是想要接管这个世界，然后让你喝“酷爱”饮料。我觉得“暂时性的真理”没什么问题，因为它可以让我们更好地治愈疾病，还能把火星看得更加清晰。

布莱恩：似乎我们在一个本质问题上达成了一致，那就是任何人如果宣称他掌握了绝对真理，那么不管他具体目的是什么，往轻里说，这具有误导性，而往重里说，这是非常危险的。

注释：

[1] 热寂（heat death），宇宙终极命运的一种假说。根据热力学第二定律，作为一个“孤立”系统，宇宙的熵会随时间流逝而增加，宇宙由有序向无序演进；当宇宙的熵达到最大值时，宇宙中的其他有效能量已经全数转化为热能，所有物质达到热平衡，这种状态称为热寂。这是宇宙死亡的一种场景假说。

[2]《贝奥武夫》（*Beowulf*），完成于约750年的英雄叙事长诗，长达3182行。故事的舞台位于北欧的斯堪的纳维亚半岛，是以古英语记载的传说中最古老的一篇，是语言学方面的珍贵文献。

[3] 海森堡（Werner Heisenberg，1901—1976），德国理论物理学家，量子力学开创者之一。

艺术示意图：飞行在火星上空的“火星全球勘测者”（MGS）轨道器

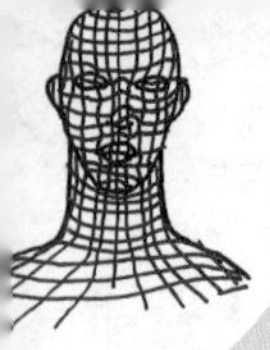

第四节　另一场争论

模拟

《无限猴笼》节目中比较新，同时也比较有争议性的一期，讨论的内容是一个时下比较受关注，但对于很多人来说可能也有些诡异的话题：我们是生活在一个计算机模拟出来的世界吗？

这个观点的大致内容是认为我们所有人，甚至包括整个宇宙，都只不过是某个后人类时代的超级文明所运行的计算机模拟程序——他们这样做或许是想要模拟他们自己的历史，也或许是想看看如果改变历史的进程到底会如何。或许他们会有这样的对话："我们看看，如果让一个真人秀主持人来当地球上最强大国家的总统，会怎样。""哦，好吧，看来还是不要那样了吧。"[1]

在上节目之前的准备会议上，几分钟之内，我们就因为这个话题而吵了起来。我和布莱恩一个认为这个话题完全就是胡扯，另一个人则认为这个想法完全是符合逻辑的，并且指出如果你看一下它背后的数学证明的话，显然它的数学证明是完美的，他很纳闷：为什么其他人就看不到这一点呢？！

嗯，读到这里，我仿佛听到了正在看这本书的你的内心独白："双方到底分别是谁和谁呢？"

当然我们最终还是冷静了下来（布莱恩的方法是吃一个馅饼，而罗宾则是起身快步走了一圈）。我们觉得，为了世界和平以及智慧探索的目的，我们应该做一期节目，并且再来一场辩论——当然是不要太激烈的那种，并就这个话题的几个费解的问题进行探讨，例如：

或许我们只是一位年轻程序员写出的代码？或许他在批判主流媒体的间隙，在卧室里熟练地在 10^{16} 版本的推特（Twitter）上用"雪花算法"或"假新闻"之类的术语[2]创造出了我们这个宇宙？

如果情况真是如此，这对于我们的存在将会产生何种影响？

如果相信我们生活在一个计算机模拟的世界中，我们会不会由此丧失责任

感？“不要怪我做坏事,要怪就去怪那个程序员！”

亿万富翁埃隆•马斯克[3]认为我们并非生活在一个模拟世界中的概率仅有十亿分之一。他的话是正确的吗？

好了，我们又要开始了。

罗宾：一旦涉及逻辑，我那毫无理性、一团糨糊的脑子在布莱恩冷静的科学大脑面前就不堪一击了。我认为自己在提问时已经逻辑清晰了，但是在布莱恩听来，我说的话就像是一堆用世界语[4]说得乱七八糟的顺口溜和打油诗。这场争论围绕一个方程式展开。

生活中，我们什么时候会用到一个方程式？

比如我的直觉——我知道我不能完全信任它，因为我看到过一个广告，我们的体内有“好的”细菌，也有“不好的”细菌，可是我怎么知道自己该听哪种细菌的？[5]那种认为我们还是有十亿分之一的机会不是生活在模拟世界中的说法，难道都是胡扯？尼克•博斯特姆[6]在2003年发表了一篇论文《你生活在一个计算机模拟世界中吗？》。在这篇论文中，他提出了一个公式，用于估算所有拥有类似人类这种体验的观察者，其实是生活在模拟世界中的概率：

$$f_{\text{sim}}=\frac{f_p f_i \overline{N}_i}{(f_p f_i \overline{N}_i)+1}$$

在公式中，f_p 是所有人类级别的技术文明中，能够最终幸存并进入“后人类时代”的比例；f_i 是那些进入后人类时代的文明中，有兴趣进行“先祖模拟”的比例；而 $\overline{N}_i$ 则是这些后人类时代文明所进行的“先祖模拟”的平均次数。

我的问题很简单：通过这个公式，你真的就可以推导出我们可能生活在模拟世界中吗？

而这正是争论的开端。

布莱恩：类似这样的公式提供了一种思维框架。在博斯特姆的论文中，他提出，以下几个结论中至少有一种是正确的。

1. 人类很有可能活不到“后人类时代”就会灭绝；
2. 任何“后人类时代”的文明都不可能会对自己的演化历史做大量的模拟；
3. 我们几乎肯定生活在一个模拟世界中。

这个公式让我们可以在某些设定的条件下去估算某种可能性的高低，这也是论文中用于证明以上三个结论中必定有一个是正确的论据的一部分。这篇论文本身并没有明确说我们生活在模拟世界中。相反，它主张的观点是，如果你接受某些假设，那么只要顺着逻辑下去，你就自然会得到上述的某个结论。这些假设本身是展开讨论的基础。从方程式来看，你可以很容易看出来，如果 f_{sim} 非常大，也就是说至少一部分足够先进的文明会开展相当数量的现实模拟，那么为了避免非常接近 1，其中必须有一个是 0。简单地说，一旦一个文明开始大量进行对现实世界的模拟，那么绝大部分有意识有能力感知这个宇宙的生物，比如说我们，就一定位于模拟世界中。因此从统计学角度看，我们有相当大的可能性是生活在一个模拟的世界当中。

一个文明有什么理由会一直不进行这样的模拟呢？我们必须接受这样一个观点，那就是到某个时刻，一个文明必定会获得近乎无限的计算能力，此时他们就很有可能会选择留出其中很小的一部分资源用来进行这样的模拟工作。

以上论述中隐含有一个假设，那就是我们这样的文明可能会进步到技术成熟的阶段，或者就如我们有时候所说的，进入“后人类时代”。有人可能会说，这种情况不可能发生，因为一个技术文明将永远无法应对某些挑战，比如说核武器。科学和工程技术的进步永远领先于政治和道德，而我们当前所处的这个时代基本上就已经是人类历史上最先进的阶段了，这种说法有时候也被称作“末日理论”。如果按照这一理论，一个技术文明将不可避免地自我摧毁，如果的确如此，那么我们将被迫接受结论一，因为当宇宙中所有其他文明

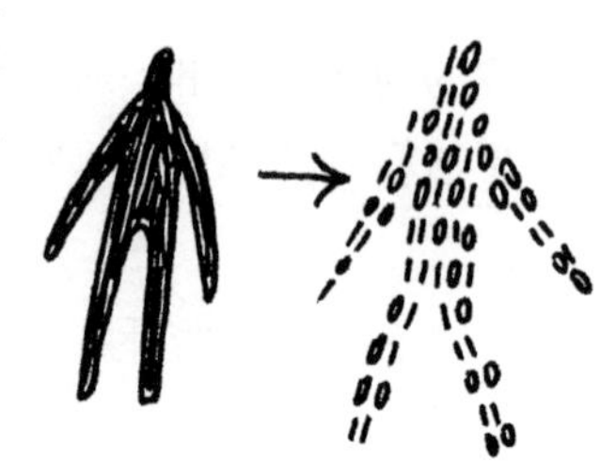

都没能做到的时候，我们不应该假定我们会比其他文明更加智慧。

或许，我们也可以将这一理论称作“唐纳德理论”[7]。

与此同时，我们也必须考虑这样一种可能性，那就是在此类模拟世界中不可能存在具有与我们相似的感受性的有意识的实体，这种想法的依据主要是认为我们人类的意识，即便在原理上，都是完全不可能在未来的某种计算机中被模拟出来的。如果你认同这种想法，那么你会赞同结论二。而如果你认为所有具备了相应运算能力的文明都不会去做这样的模拟，那么你也同样会选择结论二。或许你认为那将是对资源的巨大浪费，但将这种想法强加于宇宙中所有的文明真的合适吗?

而如果你拒绝结论一，也拒绝结论二，那么你必须选择结论三。这篇论文的最后一段话言简意赅地指出了其中的精髓：

> 除非我们当前就生活在一个模拟世界中，否则几乎就可以肯定我们的后代绝不会进行“先祖模拟”。

你当然可以就这篇论文里所展示的逻辑进行反驳，但这是用我们的大脑——而不是本能得到的最佳结论。

罗宾：这是不是更像哲学而非科学？为什么我们必须接受那样的观点，认为到未来某个时刻就一定能够获得近乎无限的计算能力？要是宇宙中的其他文明不玩计算机会怎样？这里难道没有问题吗？从这样的幻想故事中获得论据，说明实际上根本就没有什么证据，唯一有的就是白日梦和一个方程而已。然后这些胡言乱语就被那些骗子和邪教头目到处传播，于是每个人都失去了理智，真的认为自己是某种程序的产物。人们的这些反应是不是很像那些刚刚看完《黑客帝国》的人，走出电影院时自言自语说：“哇，这电影确实让人思考啊！”说得就像他们以前从来没有思考过一样。

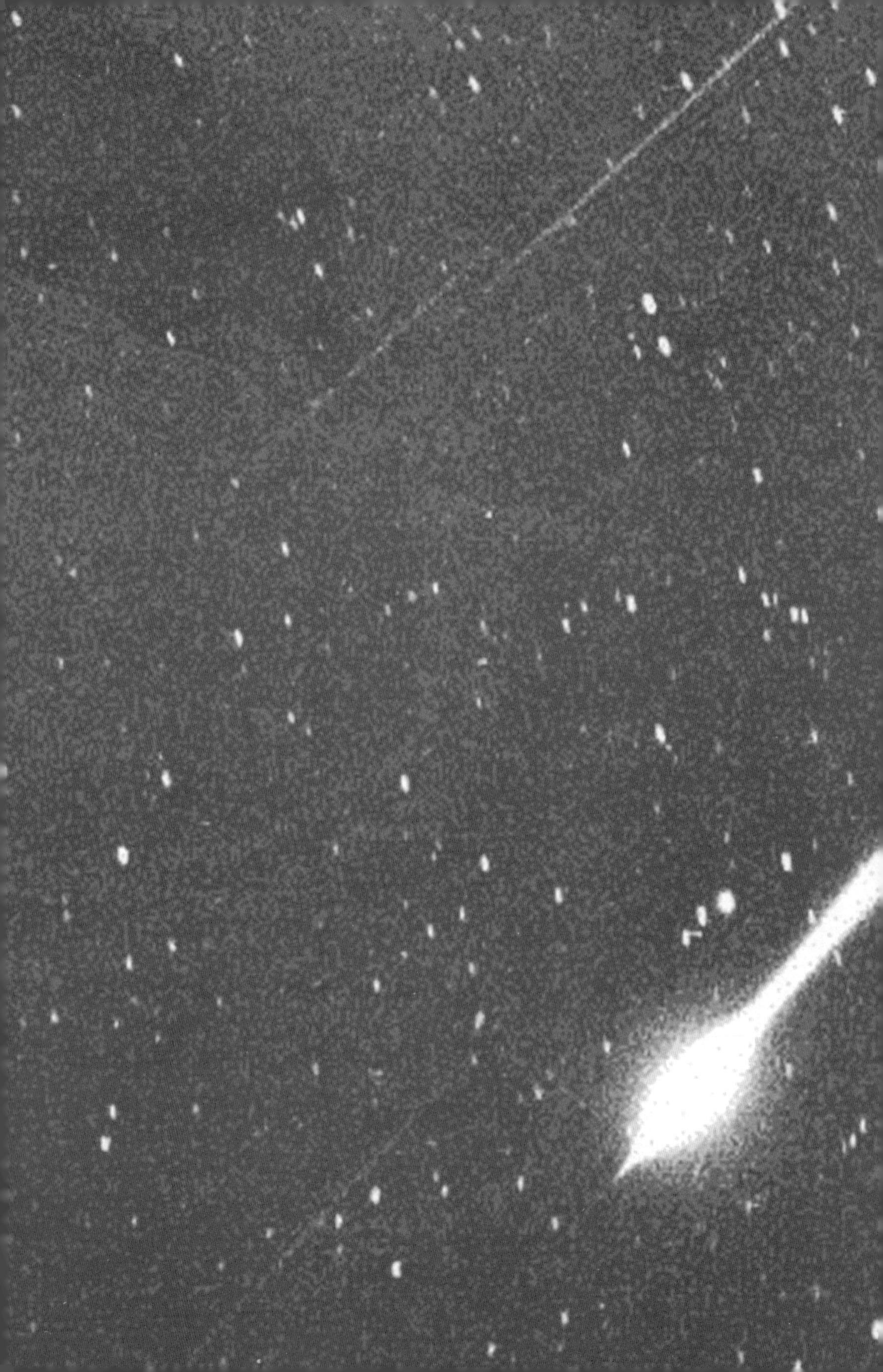

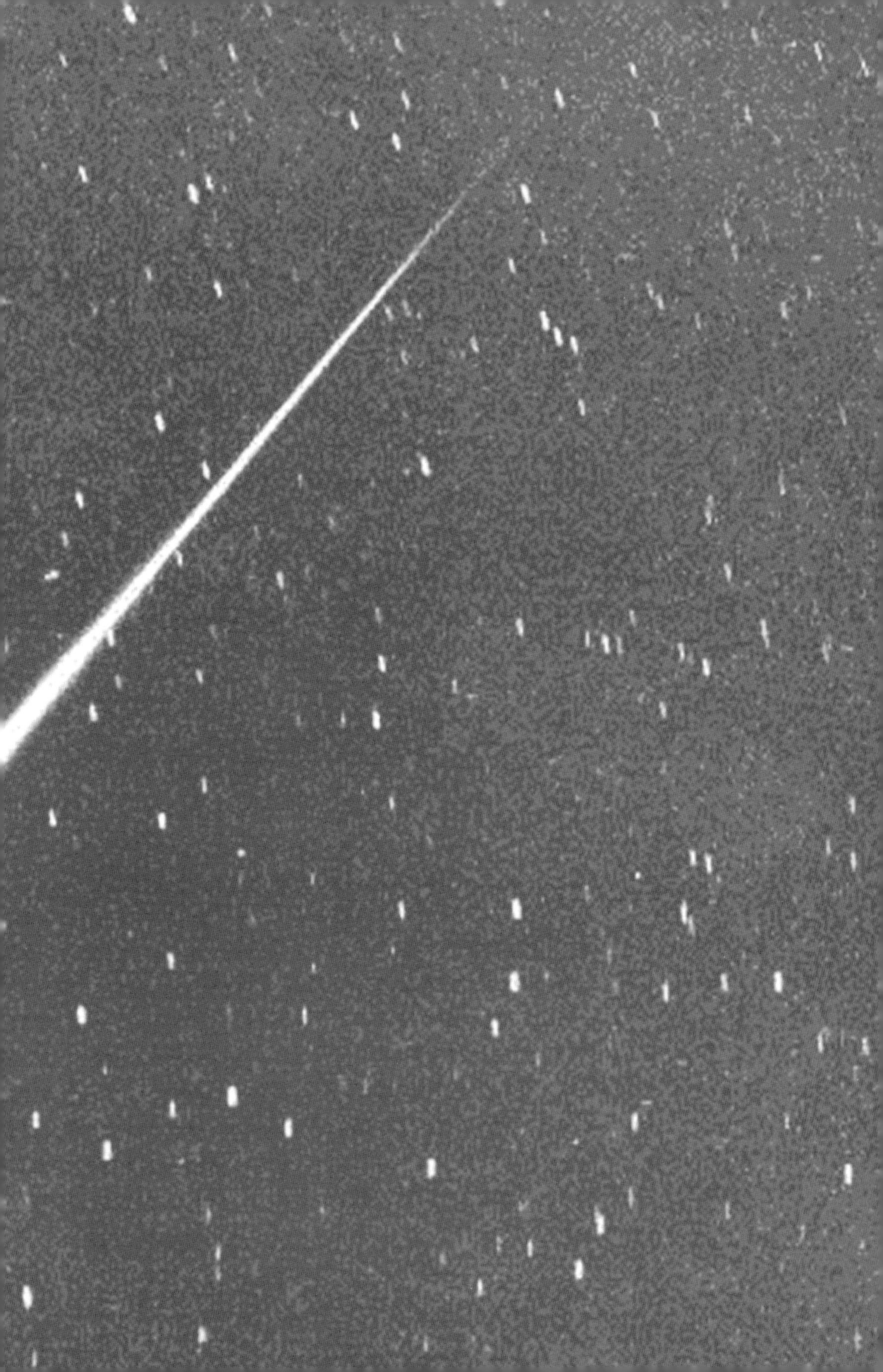

那些自认为是科学思考者，但是却总是对着神坛鞠躬的人，他们的上帝是用晶体管做的吗？

布莱恩：你刚提到“这是否更像是哲学，而不是科学”，这在我看来似乎是一个语义学问题。我们所问的，是一个有关现实本质的问题，你怎么称呼它都可以。我想可能有人会觉得，如果认为一场辩论是科学性的，而非哲学性的，那么就应该做出一些可供观测验证的预测才行。有些人提出，如果这种模拟真的存在，那么应该可以被探测到，或许其中会存在一些差错。

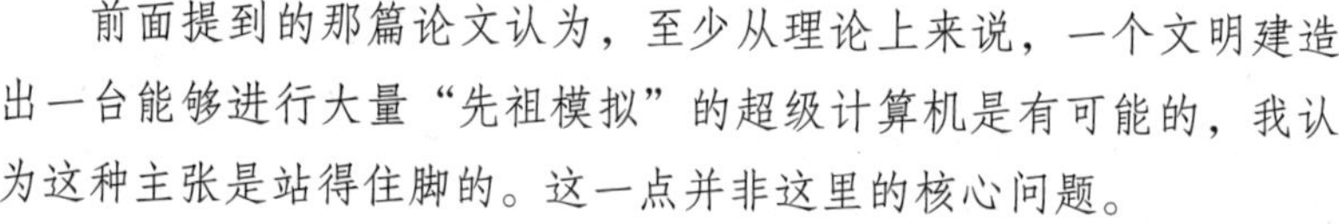

前面提到的那篇论文认为，至少从理论上来说，一个文明建造出一台能够进行大量“先祖模拟”的超级计算机是有可能的，我认为这种主张是站得住脚的。这一点并非这里的核心问题。

你提到的关于骗子和邪教头目的问题很有意义。你其实是在暗示我们应当对人们的思想设置边界，因为我们中间有些人对于一些比较有挑战性的话题辨别能力有限。我其实时常会听到类似的言论，对此，我的回答是：我们应当追求建立这样一个社会，在这个社会中，每个人都可以免于恐惧，可以讨论任何存在性问题。而要想创建这样的社会，我们就必须将教育视作教育本身，而不是为我们的经济发展输送炮灰。教育的目的应当是让任何思想都不再会被视作危险。

罗宾：我赞同你的这些观点，但我担心在这样一个信息时代，错误的信息可能以不可思议的速度快速传播。已经有人提出，因为我们的智力中存在基因遗传的成分，因此我们应该重新思考我们当下的教育体系，是否应该用医用拭子来筛选学生。看起来这似乎回到了那个老问题：先天的天分与后天的教养究竟哪个更重要？我所认识的每个遗传学家都明确指出：先天的天分需要通过后天的教养得到体现，而且它也会随着教养的不同而发生改变。

你不能说："哦，你的基因是这样的，那么你适合做这个。"我们该怎么做？我们可以直接向 BBC 要求多播一些《无限猴笼》节目吗？

这有可能吗？

布莱恩：完全有可能的一种情况是，在大量的模拟世界中，有一个世界里的 BBC 公司特别看重《无限猴笼》节目，以至于将其变成了每周在电视和广播中播出的固定节目，而且那样做也确实有助于建立一个开明的社会。不过，看起来设计出我们今天这个世界的那位程序员大约是想探索一番一个不那么开明的社会是什么样的。

而在更加严肃的层面上，关于"唐纳德理论"，我们当然可以坚持认为我们都是"真正"的生命，生活在一个现实的世界里。但如果真是如此，我们就必须接受这样一个假设，那就是我们太蠢，以至于我们在技术成熟之前就已经把自己毁灭了。

注释：

[1]这里指的是美国现任总统特朗普，在当总统之前，特朗普曾经担任过几档真人秀节目的主持人。

[2]"雪花算法"（snowflake），是推特公司使用的一种数据算法；"假新闻"（Fake News），这是美国总统特朗普的口头禅。

[3]埃隆·马斯克（Elon Musk），美国企业家，特斯拉汽车和美国太空探索技术公司（SpaceX）公司创始人。

[4]世界语（Esperanto），波兰籍犹太人柴门霍夫博士在 1887 年创立的一种语言，旨在消除国际交往中的语言障碍，但很显然，其推广并不顺利，目前事实上的世界通用语种是英语。

[5]直觉，原文是 gut instinct，gut 是肠道。有理论认为人的很多直觉反应与肠道内的菌群有关系。

[6]尼克·博斯特姆（Nick Bostrom），英国牛津大学的瑞典籍哲学家，其最有名的工作主要是在人择原理、存在风险、超级人工智能风险等方面。

[7]此处应指美国总统唐纳德·特朗普。

第五节　科学方法

“如果科学那么好，为什么它还要改来改去的？”

“如果科学那么好，为什么它还要改来改去的？”这是一位记者的提问。看来这位记者是被拔牙时不再那么疼痛，以及大街上不再有那么多人得霍乱这类事情给惹恼了。在甩出这么个问题后，这位记者是一脸高傲与嘲讽的表情。

科学家们甚至连宇宙是如何诞生的都没弄明白！为什么他们花上那么长的时间还找不到答案？很明显，弄清楚为什么这个世界会存在不需要花上那么多时间！

公平地说，这是一个很大的问题。这位记者朋友似乎认为最开始的问题肯定是其中最简单的一个，因此理解这个世界是如何起源的，是了解其他问题的基础。这是一种误解。比如说，跳蚤是怎么跳起来的？为什么太阳那么热？从洛伦兹变换可以推导出时间膨胀、洛伦兹收缩、相对论性多普勒效应以及速度相加法则吗？[1]

以上所有这些问题都要比回答“这个世界是怎么诞生的”更加容易。

这就提出了一个关于科学的重要观点，这个观点对于科学的成功极为关键。

科学并非想要从第一性原理[2]出发推导出所有东西，它也并非是为了追寻终极真理。我们对于太阳发光发热的解释如果想要成立是有前提的，它需要我们接受质子和中子的存在，并且我们必须理解在太阳核心区域的环境条件下，自然界的四大基本力将如何发生作用。在这个过程中，我们不需要去解释质子和中子的起源，尽管我们的确知道它们应该是诞生于宇宙大爆炸最初几秒钟内存在的夸克－胶子等离子体。我们还可以进一步问，夸克是从哪里来的？这个问题我们也可以尝试回答，我们认为夸克诞生于暴胀子的衰变，

在宇宙暴胀阶段结束时，其作为一种低温气体形式存在。

暴胀是如何发生的，何时开始发生的？不清楚。但回答诸如“为什么太阳那么热”之类的问题并不需要你知道这个问题的答案。如果仅仅对“彻底的理解”感兴趣，那么对于这样的答案我们是不会感到满意的，我们会想抛弃这样的答案，但那会阻碍我们运用已有的核物理以及粒子物理的知识去做其他事情，比如医学成像，或者用质子束疗法治疗癌症等。

科学理论不同于哲学或其他理论的一点，就在于其价值判断主要是基于其真正的实用性，而不是基于其逻辑上的完备性或美学价值。

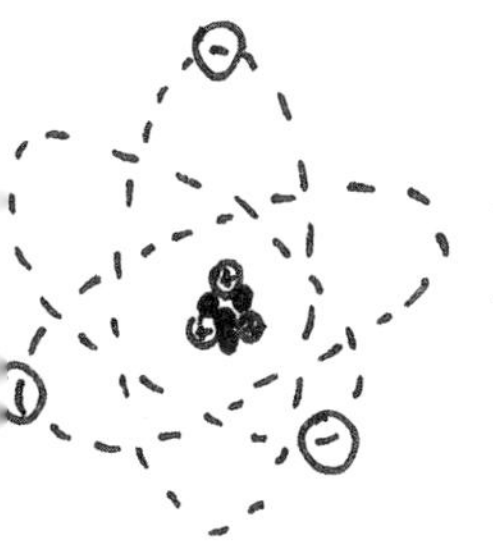

我们拥有的所有科学理论或解释都没有需要我们事先去接受的前提条件；顺着逻辑的链条走，在某个节点上，你会遇到科学中最让人兴奋的环节：

未知。

打个比方，通过望远镜观察土星，你会看到好看的光环。你可能会想，科学家们至少应该知道土星环的成因吧？不，我们并不知道。一种理论认为土星环是一颗大型卫星由于自身轨道发生衰减，轨道高度下降，逐渐接近土星的过程中被引潮力撕碎产生的碎屑形成的。在地球上，我们对于引潮力并不会感到陌生，月球对于地球同一直径两侧产生的引潮力差异正是地球上海洋潮汐产生的原因之一。但事实上，地球也会反过来对月球施加引潮力影响，这将导致月球发生形变，在月球表面产生高度大约 50 厘米的固体潮，在此过程中的摩擦力会导致月球内部轻微变热。

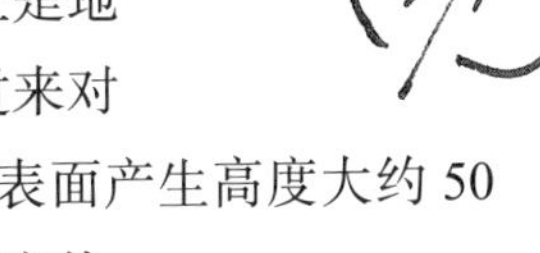

在地月系统中，这种效应很微弱，但在木星系统中，整个效应会被强烈放大。木星质量相当于地球的 318 倍，与之相应的是强大得多的引力。而它最内侧的卫星是木卫一（Io，又名艾欧），其大小大致与我们的月球相当，到木星的距离也与地月距离相差不多。但由于木星巨大的质量，加上近旁的另外两颗卫星木卫二（又名欧罗巴）以及木卫三（又名盖尼米德）的存在，木卫一每隔 1.7

2007 年 3 月，美国航天局哈勃空间望远镜拍摄的木星图像中，可以看到其大气层中出现的两个巨大的风暴云团，其大小相当于地球上的一个大洲

天就会沿着一个椭圆轨道绕木星转一圈，并在此期间经受剧烈的潮汐作用力。在轨道上的某些位置，木卫一的地表固体潮起伏高差可以超过 100 米，从而导致其内部出现剧烈的摩擦升温。这样的结果便是木卫一成了整个太阳系中火山活动最为活跃的星球。

一颗卫星能够离行星多近？这是存在一个极限的，如果小于这个距离极限值，卫星就会被行星的引潮力撕碎，或者从一开始就无法聚拢而成为一颗卫星，这个极限叫作“洛希极限”。土星的光环几乎完全位于洛希极限范围内，只有 E 环是例外。科学家们认为这个 E 环的形成与其附近的土卫二上活跃的地质活动中喷射出的物质有关，因此，这种情况是完全有可能的——一颗完整的卫星，出于某种原因，比如与其他卫星发生引力相互作用或者碰撞，导致其轨道发生改变，降低高度后落入了洛希极限范围内，于是便被行星的引潮力撕碎，并最终形成了光环。还有一种观点认为，土星环其实就是土星形成的时候留下的“边角料”（主要是水冰和尘埃颗粒），这些“边角料”大体上位于土星周围的洛希极限以内，因此它们从一开始就无法聚集起来形成一颗完整的卫星。如果这种解释是正确的，那么这就表明土星环的年龄和土星的年龄应该是一致的。

与之竞争的另一种理论则认为，土星环相比太阳系的年龄要更加年轻。土星环的主要成分是水冰，这也解释了为何土星环会如此明亮，甚至在地球上通过小型天文望远镜都能很容易地看到。但太阳系其实是一个很“肮脏”的地方，到处都是尘埃和碎屑，洁净的水冰很难保持长久。因此我们只需要测定一下土星环内硅酸盐颗粒的含量，就可以大致估算土星环的年龄。事实上，天文学家们已经这样做了，他们所使用的数据来自围绕土星运行的“卡西尼号”太空探测器。

一项最新的估算结果认为，土星环的年龄大致在 1500 万—1 亿年，这就意味着当恐龙们漫步于地球表面时，土星还没有光环。前文中我们所提及的两种土星环成因理论都不能解释如此年轻的光环年龄，因此关于土星环年龄的争论还在继续。尽管如此，这并不代表我们对于行星环系统一无所知，它只是说明，要想弄清楚某个形成于数百万乃至数十亿年前的事物的具体成因，是一件非常困难的事情。

就在我们撰写这本书的同时，“卡西尼号”太空探测器的土星考察任务已接近尾声，它已多次穿越土星环与土星本体之间的狭窄空间，采集数据并拍摄壮观的图像[3]。土星环的起源究竟是什么？它的年龄是多少？新的数据再加上新的理论理解，或许最终可以揭开这个问题的答案，也或许我们仍然无法找到答案，但这就是我们在目前所能做的一切。这是思考科学的一种很好的方式。它并不拥有全部的答案，现有的理论也有可能是错误的，但科学的辩论代表了我们对于这个问题在当时的最佳理解，以及我们在某个时间段在这个问题上仍然存在的不确定性。不管如何，在这一过程中，我们应用了科学。

上图：土星的光环，由“卡西尼号”太空探测器在 2007 年 5 月 9 日拍摄的 45 张图像合成。在地球上，用一个小型天文望远镜就能够看到土星环中的卡西尼环缝[4]。土星环系统内细微的结构都源自运行在土星环外侧的大约 60 颗土星卫星，以及环内夹杂的数百颗更小的岩石团块和“准卫星”（也就是所谓的“牧羊犬卫星”[5]）的影响在那些对科学充满热情的人看来，科学的不完备性使人兴奋，因为这意味着永远有事情需要去做。每一个新的理论、每一次观测都是一座桥上的一块木板，最终将帮助我们通向知识的彼岸，但是，“彻底的理解”却永远是一种妄想，因为对面的河岸并非固定不动。伴随着每一次的新发现，对岸的地形都会随之发生改变。当一个理论得到证实，相关的研究并不会随之停止，新的想法、新的技术将会带来新的探究方案和新的数据。因此，对话应该是这样的：

“很不错！我们找到了一个答案。”
“很棒！那我们可以把科学的大书合上了吗？”
“我想还不行，因为这个答案，似乎引出了更多的问题。”

比如卡西尼环缝的产生便与一颗小卫星，即土卫一的轨道共振效应有关。运行在此处的小颗粒物质每围绕土星运行两圈，土卫一刚好运行一圈，因此它们每转两圈就会和土卫一接近一次，并受其引力作用，从而偏离原先的轨道。最终，这一区域就逐渐被清空了，形成一个环缝。

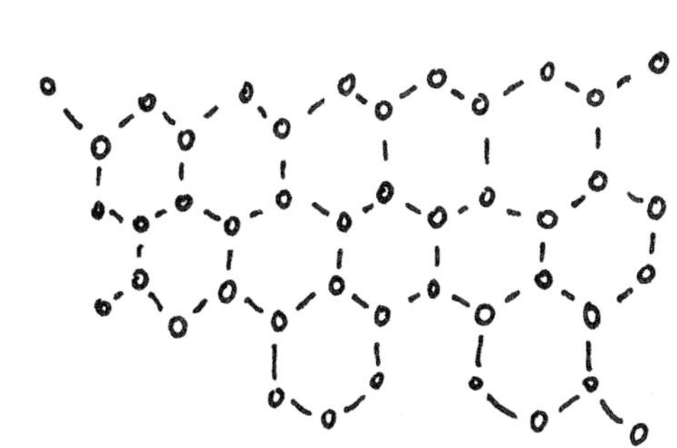

那么，为何我们的那位记者朋友会对科学如此反感，或者会如此强烈地感受到来自科学的威胁呢？答案可能是某些人非常渴望确定性。对于这些人来说，如果你对于他提出的问题“你确定吗”的回答是“不，但是……”，那么你会发现他们立马就转身朝着站在大石头上的巫师们走去了，因为巫师们宣称他们掌握着“终极真理”。

渴望确定性是一种基本的人类需求，心理学家们将其称作“认知闭合”[6]。很自然地，我们每个人都或多或少有过类似的感受。比如说在考试后，我们非要等到分数出来才能安下心来，但对于一部分人来说，他们对于一个完整而一致的世界观的需求是极为强烈的。这种思维模式的人，在宗教激进派和极端意识形态的人群当中非常常见。世界是复杂的，未来是无法预测的，而我们的知识是不完备的。这些事实是显而易见的。对于科学的头脑来说这也是令人愉悦的，因为科学工作的目标便是不断增长我们的知识，而这本身就需要我们接受知识的不完备性。

这或许也是为何对于大多数科学家来说，那些政客和宗教头领口中的“确定性”显得那样难以理解；反过来，这也是为什么那些对于认知闭合有着极端需求的人认为科学是让人失望的，科学会激起他们强烈的反感情绪。

但是说起来有些讽刺意味的是，居于科学本质地位的不确定性，却让某些敌视科学的人很是满意。毕竟，如果这个世界上唯一值得相信的东西就是“绝对真理”，那么很显然科学是不值得相信的。进化论、气候科学，还有宇宙大爆炸理论，或是任何可能与那些能够满足“认知闭合”的世界观相违背的理论，全都很快被抛弃了。“你看，科学家们这里弄错了，那里也弄错了，那么我们干吗还要相信他们呢？”

伊萨克·牛顿弄错了，尽管他到某一点之前其实一直都是正确的。的确，他的理论可能在速度接近光速、在强引力场内、在计算水星轨道时出现问题，也可能爱因斯坦的理论比他的更好，但

牛顿的方程仍然非常有效，它能够把我们人类送上月球表面。如果说牛顿的理论错了，那也属于非常轻微的那种。

近期，一个叫作 OPERA（中微子振荡乳胶径迹）的实验团队报告称他们似乎检测到中微子的速度超过了光速。这是违背物理学定律的，如果被证实，那么将激起理论物理学界的极大震动，他们必须设法解释实验结果。

吉姆·卡里里教授[7]打赌说，如果这个实验结果被证实，他就把自己的内裤吃下去。听到这里，布莱恩的眼中闪过一丝暧昧的亮光。尽管被证实的可能性很低，但万一被证实了，那将是多么令人兴奋的场景啊！

最终，这个消息被证实是一场乌龙：实验设备的光缆被接错导致了错误。对此，一些科学家认为 OPERA 小组过早地发表了他们的结果，从而给了那些想要污名化科学事业的人以口实，但其他人，包括我们，则持有不同的观点。我们认为这次事件实际上非常好地展现了科学向前发展的方式。如果一项实验的结果与普遍观点相违背，这绝不应该成为阻止其发表相关结果的理由；作为一名实验科学家，如果你无法找出自己数据中的任何错误，那么你就应该发表它，让其他人对结果进行核对和检查，经受质疑，甚至重复你的实验。在这样的过程中，他们可能会找出你的错误，这正是科学前进的方式。每一个错误都会教会我们一点儿新的实验技巧，而如果我们足够幸运，甚至会借此窥见大自然更加深邃的真谛。

“从不做蠢事的人，也永远不会有任何聪明之举。”说这话的人是路德维希·维特根斯坦[8]——那个曾经让罗素四脚着地趴在地上，试图证明“确认自己的办公室里没有一只犀牛，更没有一头大象”这件事是可以做到的人。科学家不应害怕犯错。而那些独裁者却不会喜欢证据，更不喜欢被人开玩笑。

对于那些言之凿凿、宣扬确定性的人来说，信息和玩笑都会损伤他们的信誉，而对于一位谦逊之人，这些却只会为他加分。

在确信与怀疑之间去选择怀疑，需要勇气。如果你每次都选择错得最少的一个理论去解释我们身边的世界，永远为质疑留下空间，甚至暗地里希望自己哪天能够从现在被广为接受的理论中找出一个缺陷，并在此基础上产生出更多的问题——如果你是这样想的，那么你会很享受科学，但如果你只想要一本镌刻在花岗岩上的真理册，那么你大概会觉得科学简直让人厌恶。

关于最少错误的寓言故事

一位商人、一位农夫和一位牧羊人正在郊外一起野餐。当商人狼吞虎咽地吃着东西时，他的手上沾了很多红莓果酱。香甜的味道很快吸引来大群的黄蜂，它们扑向商人沾满果酱的手，狠狠蜇他。商人疼得大喊大叫，上蹿下跳。

这时，农夫告诉他："你应该在手上倒上蜂蜜，再用羊蹄叶揉搓，蜂蜜会把你手臂里的毒液吸出来，而用羊蹄叶揉搓则会加速毒液的回流！"对此，牧羊人表达了异议："简直是胡说八道！你应该拔出你的剑，在毒液占据你的心智之前，直接砍掉你的手臂！"商人思索片刻之后，拔出剑砍下了自己的手臂。

鲜血喷涌而出，溅得到处都是。商人疼得更加厉害了，跳得也更厉害了，最后一头栽倒在地，一开始是休克，不久之后就死了。

目睹此情此景，农夫开口了："看看你都做了些什么？""我确实帮他解决了手上被黄蜂蜇刺的问题。"牧羊人啃了一口死去的商人留下的那些美味糖果，不紧不慢地说。

在这个故事里，牧羊人和农夫给出的意见都是错误的，但你能否区分，哪一个的错误更严重一些？（答案见后页）

量子电动力学

理查德·费曼对物理学最大的贡献之一就是他的费曼图。简单来说，这是一种用图形表达的数学计算，用于估算某件事发生的概率大小。费曼将这种技巧最先用到了量子电动力学上，或者叫 QED。由于在这一领域的杰出贡献，费曼与施温格以及朝永振一郎一同分享了 1965 年度的诺贝尔物理学奖。QED 描述的是带电粒子，如电子，是如何发生相互作用的。乍看上去，这种方法的应用领域似乎相当有限，但事实上，你在这个世界上所能感受到的一切，除了引力以及核现象（这个你平常也不太会经历吧），几乎都可以用 QED 理论去描述。以下就是一幅费曼图，展示的是两个电子之间相互弹开的概率计算，可以看到在此过程中它们会交换一个光子，也就是光的粒子。

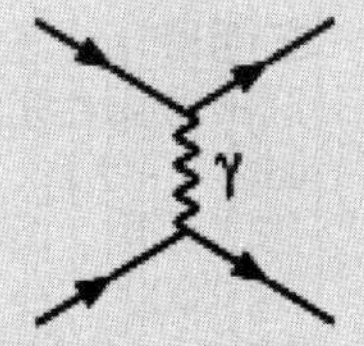

答案：在这个寓言故事里，蜂蜜和羊蹄叶的方案错误更小一些，因为相比把手臂砍掉，这个方案对商人造成的伤害更小。尽管蜂蜜和羊蹄叶把毒液吸出来的效果可能并不好，但这种做法的确可能部分缓解蜇刺疼痛。还有一些理论指出，羊蹄叶里含有的少量碱性成分可以部分中和掉黄蜂毒液中的酸性成分，但可能有人会反驳说，砍掉手臂的确是治疗蜇刺疼痛的最有效方法，因为这位商人的黄蜂蜇刺的疼痛会在瞬间就被“哦，天哪！我竟然砍掉了我自己的手臂！”的疼痛所替代。

费曼那么有魅力，究竟是为什么？是因为他特别善于诠释魅力吗？还是人们没想到一个物理学家也可以同时是一位乐队级别的鼓手？

我不知道为何这听上去会显得如此不同寻常，我就认识好几位玩摇滚乐的物理学家。

DARE

费曼还有他的格言：

当世界变得更复杂时，它也就变得更有趣了。

费曼的父亲常常鼓励费曼，希望他成为一位科学家。他教育费曼，只知道世界各地的人们给某样东西取的不同的名字，并不等于你真的了解这样东西。

在西班牙语里，这种金黄色的蛙叫作“XXX”，在法语里，它叫作“XXX”……

最好还是让他知道它是世界上剧毒的青蛙之一。

γ

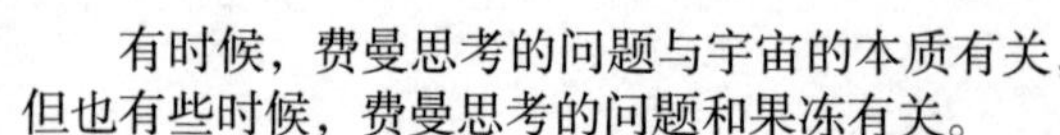
有时候，费曼思考的问题与宇宙的本质有关，但也有些时候，费曼思考的问题和果冻有关。

第二次世界大战期间，费曼参与了研制原子弹的“曼哈顿工程”。当原子弹被投向日本广岛时，科学家们欢呼雀跃。

在离开纽约的一家餐馆时，费曼突然想到了核武器所具备的惊人破坏力。
人类真是疯狂，为什么他们还要建造新的东西呢？那完全是徒劳的。
1965年，费曼由于在量子电动力学方面的工作，获得了诺贝尔奖。
NOBEL PRIZE
费曼的妹妹是一位杰出的天体物理学家。当他们都还是孩子的时候，有一次，他们见到了北极光。费曼与妹妹约定：费曼可以拥有整个宇宙，但是必须把美丽的极光留给妹妹。
这是一幅费曼图，展示的是一个电子释放出一个光子，并随后被另一个电子吸收的过程
1985年，《别闹了，费曼先生》一书出版，很快便成为了畅销书。
RADIO MENDING
CLICK!
SAFE CRACKING
LIFE DRAWING
Mosler safe co
PLATE SPINNING
一位好奇宝宝的科学历险
1988年，费曼死于癌症。
费曼被邀请参与对1986年“挑战者号”航天飞机爆炸事故的调查。
在低温条件下，航天飞机的O形环失去了弹性，因此失去了作用。
我们爱你，迪克。
我讨厌死两次，那样的话太无聊了。

注释：

［1］可以。

［2］第一性原理（First principle），哲学概念，指最基本、最底层的命题或假设，它不能通过推理的方法得到，有点类似数学中“公理”的概念。

［3］2017年9月，“卡西尼号”太空探测器结束使命，坠入土星焚毁。

［4］卡西尼环缝（Cassini Division），意大利天文学家卡西尼(Giovanni Cassini, 1625—1712)观测发现的土星环中的一道缝隙，宽度大约4800公里。

［5］牧羊犬卫星（Shepherd moon），是指行星环系统内运行的小质量天然卫星，它们的引力清空了光环两侧的缝隙，将构成光环的小颗粒物限制在一定的范围内，维持了光环整洁的外观。如果将这些小颗粒物视作羊群，那么这类小卫星的作用有点像牧羊犬，因而得名。如土星的土卫十六、土卫三十五等。

［6］认知闭合（cognitive closure），是一种心理学术语，简单来说就是人们追求消除模糊空间，希望得到确切答案（有时甚至是非理性的）的心态。

［7］吉姆·卡里里（Jim Al-Khalili，1962— ），英国萨里大学理论物理学家，科普作家。

［8］路德维希·维特根斯坦（Ludwig Wittgenstein，1889—1951），奥地利哲学家，20世纪最有影响力的哲学家之一，主要研究领域涉及语言哲学、心灵哲学和数学哲学等方面。

第六节 罗宾的想法

关于科学阅读

不管你怎么想，要想理解科学是要花时间的，甚至这还要取决于“时间”这个概念究竟是不是真的存在。但至少在现在，我们还是接受这样一个前提，那就是时间是存在的，至少在未来的数百年内是这样。

在几千年前，要想做一个智者可要比现在容易多了，你不需要知道很多东西就能显得“无所不知”。但在最近数百年内，关于我们宇宙的各种知识和猜想经历了一轮让人目瞪口呆的爆炸式增长。你必须小心地选择自己的课题，然后在一个小小角落里默默耕耘。如果贸然跨出自己的专业领域，你就可能面临啥都不懂的尴尬处境，不要指望一个理解黑洞霍金辐射[1]量子效应的物理学家也会对科莫多巨蜥的孤雌繁殖[2]能力有粗浅的了解。

在某些鸡尾酒社交聚会的场合，当我面对一大群宇宙学家感到惴惴不安的时候，我就会请教他们一些关于爬行动物繁殖方面的问题。我发现，看着这些人一脸蒙，连关于加拉帕戈斯海龟交配行为最基本的东西都说不清楚的窘迫模样，可以提升我的自信心。

当我见到诺贝尔奖得主皮特·希格斯的时候，我知道我在对话中能够提供给他的东西其实很有限，除了一个小秘密：用圆号演奏一段降B乐曲可以让一只准备发起攻击的鳄鱼停下脚步（或许用大提琴演奏也可以，只是相比之下，大提琴比较难塞进背包里）。

当你的科学知识全都来自小时候课堂所学时，那么多年后你如

果想要去重新捡起来，可能会非常艰难。你可能会在路过你们当地一家书店门口时，留意到里面一张桌子上放着打折优惠的几本书，其中一本上面写着它能够告诉你“关于量子宇宙的一切”，甚至还标榜“专为感兴趣的业余人士撰写”。

几天之后，当你头上盖着毛巾，把脸伸进水盆里，呼吸着甘菊蒸汽，绝望地想清空自己的头脑，不知道自己该如何在这样一个概率宇宙中生存时，你真后悔自己那天就不该把那本书买回家看。

你觉得自己是个白痴。你读完了整本书，但你对海森堡不确定性原理和黑体辐射仍然没有深刻的理解。

对于那些第一次阅读科学书，甚至长时间不接触之后再回头想要重新捡起来的人来说，一个常见的问题就是他们很快会认为自己理解得不够深刻，因而认为自己没有科学头脑。

这不是事实。

不要指望读了一本关于量子宇宙的书，然后放下书就能瞬间成为一名教授。那么多人都在研究同样的课题，很多人是带着困惑开始研究的，很多人在结束研究时仍然充满困惑，这不是没有原因的。甚至是在阅读通俗科普书时，你仍然可能会碰到一些比较难理解，甚至违背日常经验的词汇或想法。我不觉得我在2007年之前读到过“灌输”这个词，但在那之后，这个词几乎出现在我读到的每一本书里。类似的还有“显性性状”（Phenotype）、“基因型”、“真核”、“夸克”以及“行质天体”，有许许多多名词是我们平常聊天中不常用到的，去酒吧喝酒也不太听得到，除非你对自己去的酒吧非常挑剔（这是应该的。比如我就一直在找一个不播放球赛，而是专门放BBC纪录片的酒吧）。

如果男女间的对话是下面这样，那感觉就好多了：

“男人说，他接受经典宇宙学观点，认为宇宙将在永恒膨胀中走向终结，那时所有恒星甚至物质都将不复存在，唯一剩下的就只有低温辐射。而女人说，她最近越来越痴迷于彭罗斯的循环宇宙理论[3]……”

对于一位业余的，仅出于爱好和兴趣去阅读科学书籍的读者来说，有必要调整一下自己的阅读习惯。阅读这类书籍的时候，你很难像读约翰·勒卡雷[4]的书那样时不时经历惊险悬疑的感觉，你应该放慢自己阅读的速度，细细体会书中那些描述背后的含义。

望着窗外，紧锁眉头，或是眯着眼睛，一脸困惑——这些都可能是你在阅读物理书时的常态。当你在沉思之后突然经历思想的顿悟，你会觉得这一切都是值得的。有些人会选择先快速读完，如果不理解，再回过头去重新看；也有些人会选择艰难向前，希望每次能向前扎实推进几页。

下面的做法大概会让藏书爱好者们发疯：在手边备一支笔，随时在书上圈圈画画，或者在空白处做笔记（当然那些将书视作圣经的人是不舍得在上面涂涂画画的，他们可以使用便利贴）。这样做事实上也让这本书成了你生活的一部分。它成了你的记录本，同时对于那些购买你的二手书的人来说，这些也是你送给他们的一份礼物。比如我有一本科林·布莱克摩尔[5]写的《心灵的机制》，这本书尤其珍贵，并不仅仅因为这本书本身，还因为有某位前辈在书页边缘以及其他空白部位写满了歪歪扭扭的文字。从第一页开始，这位读者似乎就处于某种好斗的状态，书中那些被认为无用的文字都被直接打叉划掉了，有时候旁边还会写上一个大大的惊叹号或是其他符号，从这些符号中，仿佛可以听到这位读者咬牙切齿从嘴里挤出来的一个个“哼”。

在第 9 页上，这位读者显然已经打叉打烦了，他开始动笔写字了！“他甚至连吐司的科学都不懂！”到第 53 页时，很显然他已经受够了：“我读不下去了！”但他并没有停止阅读，整本书里，这位读者的心路历程贯穿始终。

这正是书本的美妙之处，它们是另一种形式的人类化石。当我们死去，我们会留下骨骼，甚至有些最终会成为化石，如果是在泥炭沼泽环境中，还可能保存下皮肤，而书籍便是我们思想的化石，即便我们离世，但我们的思想将得以保留。人类似乎是唯一一个具有这种能力的物种——即便提出这些思想的主人早已逝去，后人却依旧能够分享他们的智慧。

当你阅读科学书籍时，请保持耐心。或许读完一本关于表观遗传学或黑洞的书会花上你几个礼拜的时间，但这本书的背后，是科学家们数十年来的不懈努力与探索——300 页厚的实验室年度记录，漫长的面对白板思索的时间，无数次聆听射电望远镜的信号，才能换来今天这种程度的理解。所以，不要感到惊讶，理解科学需要一些时间。

如果你抱着这样的心态“我要在 6 月底之前理解宇宙”，那么你很有可能会失望。但是如果你阅读科学书籍仅仅是出于对知识的渴望，偶尔还能体验到那种恍然大悟所带来的惊喜，那么你就能够克服这期间所经历的迷惘。

很有可能的是，你一辈子都在不断阅读科学书籍，但永远不可能拿到诺贝尔奖。或许，在每一个周末，当你抬头仰望星空，或在海边极目远眺，抑或陪伴在自己的孩子身边，在你的眼中，此刻的宇宙以及其中蕴含的所有可能性，看上去都和上一周有那么一点儿不一样了。

注释：

［1］霍金辐射（Hawking radiation）：基于量子论推导出的一种黑洞辐射效应，霍金辐射能够让黑洞损失质量，不断缩小并最终消失。该效应最早在 1974 年由已故的英国物理学家史蒂芬·霍金提出，不过，目前该效应尚未在实际观测中被证实。

［2］孤雌繁殖：也称作“单性生殖”，是指动物或植物的卵子不经由受精过程而单独发育成后代的生殖方式。多见于植物和无脊椎动物中，但也有部分脊椎动物具备这种能力。

［3］彭罗斯循环宇宙理论（Penrose Cycle），即“共形循环宇宙论”（Conformal cyclic cosmology），英国物理学家、数学家罗杰·彭罗斯提出的一种宇宙观点，认为宇宙其实处于无限的循环之中，宇宙会消亡，然后再次发生大爆炸，重生，再消亡，如此循环。而我们当前所处的宇宙可能只是其中一个循环的阶段。

［4］约翰·勒卡雷（John le Carré），这是戴维·康威尔（David Conwell，1931—　）的笔名，英国著名间谍小说作家，代表作有《冷战谍魂》（*The Spy Who Came in from the Cold*）。

［5］科林·布莱克摩尔（Colin Blakemore），英国神经生物学家，主要研究领域为人类视觉与大脑发育机制，《心灵的机制》（*Mechanics of the Mind*）是他的一部作品。

第六章

世界末日

第一节　末日临近

（或许吧）

这本书读到这里，你大概已经开始接受这样的观点：这世上根本就不存在确定性，有的只是概率。如此，当我们接下来探讨“终结”的话题时，或许你就不会那么紧张了。这里的“终结”有很多含义，可能是指你作为个体意识的终结，也可能指地球的终结乃至宇宙的终结。

难以想象一个没有我们的世界，更难想象一个没有人类存在的宇宙，或者一个没有地球、没有太阳的未来，那样的话，一切最终都将消失，也不再会有任何能思考这些问题的意识主体存在。然而，这是无法避免的结局，我们可以给你事先剧透一下：地球的毁灭是无法避免的。

要想毁灭地球，并不需要沃刚舰队[1]出马，当数十亿年后太阳膨胀为一颗红巨星时，这一切就会发生。

当我们想象地球被毁灭的场景，我们总是很担心自己那时候的安危。但这里有一条好消息，那就是到目前为止，历史上所有的末日预言还没有一条应验。

在2012年，我们曾经坐等玛雅人古老的末日预言把我们带走。我们甚至成功地说服D: Ream乐队为这件事而重组。我们在汉默史密斯·阿波罗剧场举办特别演出时还提及“这将是你看到的最后一场秀，之后可以办理退票”，当舞台上彩带飞扬，《事情只会越变越好》的音乐达到了高潮，可是看起来，地球还是好好地转着。

我想为玛雅人说句公道话，这件事其实是那些兜售末日论的商人对玛雅文化的误解。和所有末日论贩子一样，他们会把末日论具体到某个日子，数着日子临近，于是也就为后续介绍末日究竟将在哪一天到来的各种“著作”预留了空间。对于我们在哈珀柯林斯出版社的编辑们来说，这可是个好消息。

其他还未发生，但是已经由好莱坞电影预言的末日情景还有很多，比如说：

- 凯文·科斯特纳生活在一块舢板上；
- 凯文·科斯特纳当上了邮差；
- 巨浪滔天；
- 巨浪被冻住，以至于你只能在图书馆里把书烧掉取暖；
- 火星和其他星球的外星人多次入侵；
- 布鲁斯·威利斯牺牲自己，阻止了陨星撞击毁灭地球；
- 某部记不清是谁演出的电影情节类似，地球面临差不多的威胁，主人公也是以差不多的方式牺牲了自己，上映时间也差不多；
- 凯文·科斯特纳在他家的地里修建了一座棒球场，并邀请鬼魂来这里打棒球，但是鬼魂把所有人的魂魄都吸走了（不过电影《梦幻之地》里的这段情节最后被剪辑掉了，因为在美国丹佛和圣路易斯放映时，观众们的反响并不好）。

那么，如果我们真的没能生存到宇宙热寂的那一天，究竟会是什么危险阻止了我们继续前进呢？

20 世纪 70 年代出生的很多英国人都会觉得，对我们最大的威胁可能会是被联合收割机轧死，或者从发电站里去拿飞盘时被电死。那个时期的英国政府的公益广告真是拍得太好了，培养出了一代患了被害妄想症的人。

在光滑的地板上铺一小块毯子？这可能会是个陷阱！

有些早就对自己的丈夫感到不满的女人大概会这样做吧。

大概每隔 5 年左右，报纸上就会出现一次关于恐龙灭绝的话题，其出现的频率大致与好莱坞相应题材的大片上映的频率相同。陨星撞击地球会造成黑暗、寒冷的冬天吗？或许最后一个活下来的人会变异成鼹鼠人？也或许，新型的激光武器，再加上专门应对危机的布鲁斯·威利斯克隆体，会再次帮助我们抵御天外灾难？

在未来的 50 亿年内，太阳会毁灭我们吗？仅仅是日冕物质抛射 [2] 的风险就很高。在 1989 年，一次日冕物质抛射就让加拿大的很多地区陷入了停电困境。

日冕物质抛射事件会不会影响汽车导航系统的精度，导致人们都在绕着特尔福德 [3] 转圈？整个世界会不会将在震耳欲聋的汽车喇叭声，以及嘈杂、混乱的撞车中走向终结？

当我们得知自己终将死去的命运之后，关于在我们死后将会发生什么的问题便一直困扰着我们。我们幻想着能够找到某种终极解决方案。我们设想会有一艘超级太空飞船，将我们中间的幸存者们运走，使用曲率加速，并在所有能够支持生命生存的星球上投下亚当和夏娃，或许再丢下一两只鸽子。卡尔·萨根曾经写道：

如果恐龙拥有航天项目，那么它们就不会灭绝。

“功业盖物，强者折服！”这是一句常常被引用的诗句，来自雪莱的诗作《奥兹曼迪亚斯》，它也是我们不在后院的农田里修建金字塔或巴比伦空中花园复制品的托词。尽管末日这天迟早会到来，但是我们思考末日话题时，请不要让焦虑淹没自己。我们是一个聪慧的物种，我们会想出应对难题的办法。

我们的存在，对于宇宙而言可能并没有多大的重要性，这或许是一件好事。与其要去满足一个被预设的使命，还不如让我们为自己的生存找到目的。如果说，终结将避无可避——或者死于一次小小的意外，或者死于终极的宇宙灾难——这都将是一个很好的动机，它催促着我们，在我们最终离开之前，尽可能多做一些事情。

不过，要是科幻故事里预言的那些世界末日场景最终都被证明是错误的，该怎么办？没关系，接下来我们一起来聊聊科学家们对于世界末日的预言吧。

注释：

［1］沃刚舰队：电影《银河系漫游指南》里，为了建造星际高速路而炸掉地球的那支外星舰队。

［2］日冕物质抛射（CME），太阳上发生的一种大规模粒子与电磁辐射爆发现象。

［3］特尔福德（Telford），一座英国新镇，位于什鲁斯伯里以东21公里，伯明翰以西大约48公里，2010年人口约15万。

第二节 繁星湮灭

电的声音在回荡。你听到它在山间，在河边响起；你看到它在大海之上，在繁星之中，在月亮近旁舞动。但这两天，那亮光越发暗淡。在那黑暗之中，还会剩下什么？

——美剧《双峰镇》

尽管在科学领域，确定性属于稀缺资源，但有一件事我们是可以确定的，那就是有朝一日我们将会死去。或许我们存在的意义之一便是学习如何应对这种必然性。当我们死去，组成我们身体的原子并不会随之消亡，它们将重新回到自然界，成为地球的一部分，其中很多还将成为未来某个生物体的一部分。对于我们来说，这或许也是某种意义上的重生，但这些组成了你的原子，并不会携带你的任何重要信息。还有一件事同样是不可避免的：在 50 亿年内，我们的太阳将耗尽用于核聚变的燃料，它将不再发光，但早在那之前，我们的地球将早已不再宜居，甚至已经被暮年垂死的太阳整个儿吞噬。曾经属于你或属于地球的一部分原子将会被喷射出去，进入宇宙。数十亿年之后，这些原子将成为一个新生的恒星系统的一部分。这个系统也会有自己的行星，演绎属于它们自己的故事。这种恒星新生与死亡的伟大循环，让我们具备了某种程度上的永生：组成此时此刻的你的那些原子，它们曾经经历过至少一次的恒星死亡，或许更多次。不管你喜欢不喜欢，这都是事实。

那么宇宙呢？宇宙会有终结吗？或许没有，至少在我们可以预想的未来，宇宙将始终存在，但在未来的某个时间，我们将迎来一个时间本身失去意义的时刻。根据我们当前最新的物理学知识，宇宙未来最有可能的命运，将是逐渐陷入永恒的黑暗。

在第三章里，我们探讨过弗里德曼方程，这个方程让我们能够根据当前宇宙的成分，计算其未来演化的方向。今天，宇宙的组成中大约有 70% 是暗能量，25% 是暗物质，剩下的 5% 则是普通物质，哈勃常数大约是 67km/s/Mpc。这些数字决定了宇宙的命运。

随着宇宙不断膨胀，宇宙中的暗物质和普通物质将逐渐被稀释，比例下降，但单位空间内暗能量的占比却将保持不变[1]。因此，暗能量将在未来占据统治地位，宇宙将继续永恒地膨胀下去，大约每过 200 亿年大小就膨胀一倍，物理学家称之为“指数膨胀”[2]。

如果未来我们能够在暗能量的统治下幸存，那么我们抬头观察夜空时，所见的场景将会和今天所见的非常不同。现在的夜空繁星点点，宇宙中遍布恒星、星系和星团，而到那时，太阳早已消亡，星系仍然存在，但我们却无法看到它们。

回忆一下，第三章中提到，星系距离越远，其红移值会越大。这是因为星系发出的光线穿越膨胀中的空间造成的，并且它穿行的距离越长，红移的程度就会越大。在遥远的未来，在一个处于指数膨胀的宇宙中，星系之间的距离将变得极为遥远，即便是最近的星系发出的光也将产生极为强烈的红移，其光线的波长甚至将超出可见光范围，并在远距离的传播过程中被不断削弱。所有的星系都将从夜空中渐渐隐去，只剩下银河系一座孤零零的岛屿，除此之外，只有永恒的黑暗。

那时候，银河系中的星星我们仍然看得到，因为银河系的引力作用会束缚住它们，它们不至于被宇宙空间的膨胀带走，但那时候的银河系会比现在更大，因为在那之前，银河系应该已经和距离我们最近的大型星系仙女座大星系[3]合并了，这个事件可能是在大约 40 亿年之后发生。除去仙女座星系之外，剩下的唯一一个邻近的大型星系“三角星系”[4]，那时可能也已经与银河系合并到一起了。

可以想象，在遥远的将来，天文学将变得索然无味，因为我们能够观察到的就只剩下一个星系了。但即便如此，假如能够让我们在这个孤零零的星系里永远生活下去，那也不错啊！很可惜，事情也并非如此。

假以时日，所有的恒星都将耗尽用于核聚变的燃料，并开始崩溃。在此过

程中，一部分释放出来的恒星物质将重新回到星系空间，并参与孕育新一代的恒星，但恒星死亡后留下的致密内核不会参与这种循环，它们只是逐渐暗淡下去，成为飘浮于宇宙空间中的恒星尸体。质量和我们的太阳相当的恒星最终将变成白矮星，这是一类致密天体，大小与地球相当，但密度却极高，1 立方米的白矮星物质将重达 10 亿千克。借助一种被称作“电子简并压”的量子机制，白矮星将能够对抗恒星的巨大引力，阻止进一步坍缩的发生。原子中的电子遵从泡利不相容原理，简单来说就是两个电子不允许占据同一处空间。一颗濒死的恒星在自身重力作用下发生坍缩，其内部的密度不断变大，直到电子之间靠得越来越近，开始接近泡利不相容原理允许的极限，此时就会产生一种强大的斥力，阻止恒星进一步坍缩下去。

但如果恒星死亡后的残骸质量超过 1.4 倍太阳质量，此时电子简并压将无法抵挡向内收缩的重力，恒星坍缩将会继续。电子和质子将转变为中子，最终成为中子星。这种奇异星体的质量一般为太阳质量的 2—3 倍，大小仅相当于一座中等城市，但密度更加惊人：一个火柴盒大小的中子星物质，在地球上将重达 30 亿吨！中子星是借助中子简并压抵挡住重力坍缩而存在的，因为中子同样遵从泡利不相容原理。但即便是中子简并压，也有它自己的极限。对于恒星死亡后的残骸质量超过 3 倍太阳质量的情况，没有任何已知的物理学机制能够阻挡重力坍缩的彻底发生——一个黑洞诞生了。

组成白矮星、中子星或黑洞的物质等于是被“锁定”了，无法参与新一代恒星的形成。因此随着时间推移，星系内部新生恒星诞生的速率将渐渐下降，直到星系最终再也不能孕育任何新的恒星。最后一批死去的恒星将是小质量的红矮星，它们的质量大致是太阳质量的十分之一到二分之一。这些恒星燃烧氢燃料的速度非常缓慢，因为它们的质量很小，对抗向内收缩的重力需要的能量比较少，这样一来，它们的寿命就会非常漫长。质量最小的那些红矮星，其寿命可以达到 10 万亿年，相当于宇宙当前年龄的 1000 倍。

如果我们的后代在数千亿年之后仍然存在，并且他们仍然需要或者想要住在一颗行星上，那么他们最有可能找到安身之所的地方应该就是在红矮星的周围。对此，TRAPPIST-1 系统可能是最佳的案例，这是一个位于水瓶座方向，距离我们仅有大约 40 光年的系外行星系统。恒星 TRAPPIST-1 本身是一颗小质量的红矮星，其质量比木星大不了多少，也就大了 100 倍左右。它的周围有多达 7 颗岩石行星围绕其运行，并且由于这些行星距离 TRAPPIST-1 都非常近，公转周期（即一年的长度）仅相当于地球上的 1.5—20 天。在这样近的距离，这些行星能够接收到足够多的光热。事实上，研究人员认为其中至少有 3 颗行星的轨道是位于宜居带内的。简单说就是：由于这些行星与恒星的距离适中，因而液态水有可能在其地表稳定存在——当然，还必须要看这几颗行星有没有合适的大气层。不管如何，恒星 TRAPPIST-1 还将持续发光至少 1 万亿年。

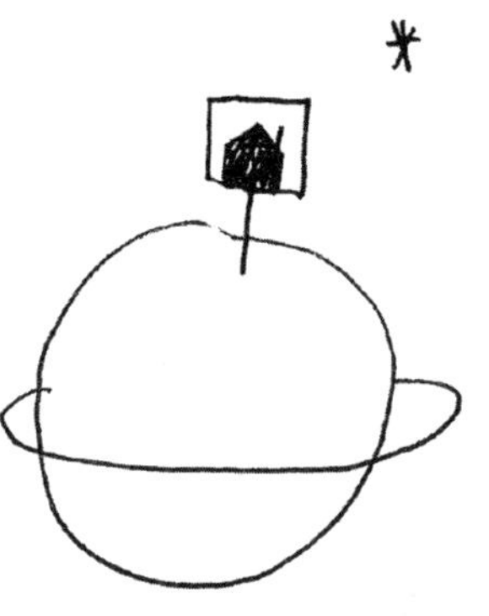

数万亿年之后，最后一批红矮星也将熄灭，宇宙将陷入一片黑暗。那时候宇宙中仍然存在的高级文明若想生存下去，将会建造“戴森球”来采集恒星的最后一丝光芒。戴森球是一种巨型建筑，它将恒星整个儿包裹其中，采集恒星发出的每一个光子，以便最大限度地获取恒星的能量。

在 10 万亿年内，所有恒星内部的核聚变反应都将终止，此时整个宇宙中到处飘浮着逐渐冷却暗淡的白矮星、中子星和黑洞。到那个时候，我们的后代困在一座宇宙星系的孤岛上，飘浮于永恒的黑暗之中，将会目睹银河系本身逐渐消失的过程。4000 亿亿亿年之后，银河系中大部分的恒星残骸都早已在时不时发生的天体间的引力摄动中被踢出银河系，剩下的也都被银河系核心的超级黑洞所吞噬。此时的宇宙只剩下到处游荡的黑洞和其他恒星残骸，一片死寂。

TRAPPIST-1 行星系统

	B	C	D
轨道周期（天）	1.51	2.24	4.05
与恒星的距离（天文单位，AU）	0.011	0.015	0.021
相对地球的行星半径（地球为 1）	1.09	1.06	0.77
相对地球的行星质量（地球为 1）	0.85	1.38	0.41

太阳系的类地行星

	水星	金星	地球
轨道周期（天）	87.97	224.70	365.26
与恒星的距离（天文单位，AU）	0.387	0.723	1.000
相对地球的行星半径（地球为 1）	0.38	0.95	1.00
相对地球的行星质量（地球为 1）	0.06	0.82	1.00

E	F	G	H
6.10	9.21	12.35	~20
0.028	0.037	0.045	~0.06
0.92	1.04	1.13	0.76
0.62	0.68	1.34	/

火星
686.98
1.524
0.53
0.11

TRAPPIST-1 行星系统，包括 7 颗岩石行星，围绕一颗将持续发光超过 10 万亿年的红矮星运行。或许在我们的太阳死去之后很久，这里将成为未来我们后代的理想居所

在万亿亿亿年的时间尺度上，物质本身将变得不再稳定。在粒子物理学标准模型中，质子是一种稳定的粒子，但标准模型的很多扩展理论，也就是所谓“大统一理论”（GUTs）[5] 则预言质子（以及被禁锢在中子星内部的中子）最终将会发生衰变，其半衰期至少长达 10^{34} 年。正如放射性元素原子核的衰变过程一样，质子衰变是一种统计学过程，因此我们可以进行实验，通过观察大量质子的行为搜寻质子存在衰变现象的观测证据。日本超级神冈探测器主要用于检测太阳与超新星爆发过程中的中微子信号，也可以用来开展质子衰变信号的搜索。遗憾的是，到目前为止，科学家们在这方面还是一无所获，但这实际上也是一种收获，因为根据目前的实验结果，我们可以将质子衰变的半衰期下限限定在 10^{34} 年左右。

这类实验可以用来对许多种最流行的“大统一理论”的正确性进行检验。这些实验在经过未来的技术升级之后，或许有望观察到质子的衰变现象，从而让我们精确地预测宇宙中的白矮星以及中子星将在何时最终蒸发消亡。

质子衰变会产生一个正电子（带正电荷的电子）以及一个被称作“介子”的粒子，后者会瞬间衰变为两个光子。就我们目前所知，电子、正电子、光子以及中微子都是稳定的粒子，因此未来的宇宙将会有大量的黑洞，漫无目的地漂浮在一个由电子、正电子、中微子和光子组成的“汪洋大海”之中。

在这个阶段，最后剩下的那些恒星物质都已经逐渐消亡殆尽。在这样一个宇宙中，生命仍然能够存在的可能性似乎已经微乎其微了。

如果那时候真的还有生命存在，那么他们在宇宙中的黑洞附近，或许还可以借助这里的强大引力效应获取能量并处理信息，在数万亿亿亿年之后继续维系生命的延续。遗憾的是，即便是这样的能量来源也有枯竭的一天，因为黑洞的寿命并非无限。

黑洞是有温度的，它们会产生一种非常微弱的辐射，称为霍金辐射。黑洞的温度与它的质量成反比，因此这里就会出现一件比较诡异的事情：当黑洞通过霍金辐射机制损失质量时，由于质量减小，黑洞的温度会升高，而温度升高又会反过来加剧辐射，从而进入恶性循环。于是，黑洞的质量越来越小，升温越来越剧烈，最终的结果是黑洞爆炸，并释放强烈的伽马射线辐射——黑洞此前所吞噬的所有质量都将被释放回到宇宙之中。

对于恒星级质量的黑洞而言，这样的过程是极其缓慢的，而对于那些居于星系核心的超大质量的黑洞来说，这一过程花费的时间就更加漫长了。质量与我们的太阳相当的黑洞，其温度大约比绝对零度高六百亿分之一度，远低于 2.73 开氏度的宇宙微波背景辐射，这就意味着它会从温度更高的宇宙微波背景辐射中吸取能量。随着宇宙的继续膨胀，宇宙微波背景辐射将继续降温。可以预见，在极为遥远的将来，即便是质量最大的黑洞最终也将逐渐蒸发消亡。理论计算显示，一个太阳质量的黑洞寿命大约是 10^{67} 年，而一个超大质量的黑洞的寿命则可能高达 10^{100} 年 [6]。

在 10^{100} 年之后，宇宙中将几乎空无一物，留下的只有无垠的黑暗。整个宇宙已经成为一片不断被稀释的、由质量最小的亚原子粒子组成的汪洋。这些粒子之间被巨大的空间所分隔，因而不会发生相互作用。此时的宇宙各处已经不存在温差，没有结构，也无法存储哪怕一比特的信息。宇宙曾经有过的灿烂历程——星系、行星、卫星、高山、河流、大海、点缀着繁星的夜空，你记忆中曾经存在的一切都将被遗忘，就像从未存在过一样。时间将失去意义，因为不再有任何事件发生。这就是宇宙的“热寂”，这就是永恒，宇宙将就此死去。

数万亿年之后，宇宙中仍然存在的高级文明若想生存下去，将会建造“戴森球”来采集恒星的最后的光芒。

下图：一个戴森球示意图。在遥远的未来，先进的文明可能会在逐渐熄灭的恒星周围建造戴森球，将恒星整个儿包裹起来，以期采集其最后的光芒

10^{100} 年是一段很长的时间。如果你用宇宙中的一个原子来代表一年，那么整个宇宙中所有的原子都用完也就只能数到 10^{80}，离 10^{100} 还差得很远。要想数到 10^{100}，你需要 1 万亿亿个宇宙中的原子总数才够。所以，或许我们不必过于担心，或许我们最好先想一想该怎么活过这两年，先挨过这一阵再说后面的事。

尽管如此，在这无垠的黑暗之中，却还遗留着某样东西——思想。我们的生命是短暂的，我们作为个体深知这一点。我们的寿命一般不会超过一个世纪。如果我们足够幸运，我们会为这个世界留下我们的遗产——我们的孩子、我们的作品、我们的回忆。我们会以这样或那样的方式，在我们离开之后的世界里留下我们的痕迹。但最终，没有任何东西会真正留下，一切都将消失。看到这里，你感觉如何？这不是一个无关紧要的问题，它直指人类存在的核心。这世界上最伟大的宗教，以及人类的艺术、哲学、文学和音乐，诸如金字塔、教堂、莎士比亚、马勒[7]、普拉斯[8]、库布里克、奥斯汀[9]、凡·高、林奇[10]等，这些都是对于人类个体存在时间的有限性的一种反映。文化或灵魂的永生常常是我们面对一些艰难的存在性问题时用于自我救赎的方式和慰藉，但科学却告诉我们，这是错误的，根本就不存在永生，科学不允许永生。意义是暂时的，因为它的存在有赖于物质结构以及能量流动，但在一个膨胀的宇宙中，这些都不是永恒的。宇宙学是理性思维的终极演练，而我们的理性思维确认了我们在内心深处早已知道的东西。不管是人还是一颗恒星，我们的存在都是短暂的，昙花一现，稍纵即逝。在经历短暂的光明之后，宇宙将陷入永恒的黑暗。有机会发现这一真相，是我们最大的幸运。这就是生命的意义，或者至少是唯一一种我们可以称之为“意义”的思想。我们必须理解，存在是有期限的，或许在尝试理解这一点的过程当中，我们会找到自身作为一个个体、作为一个物种、作为一个文明存在的真正价值。

我们什么都不是，我们只不过是猴子而已，被关在无限的笼子里，度过我们转瞬即逝的一生，但我们真的是非常了不起的猴子啊！

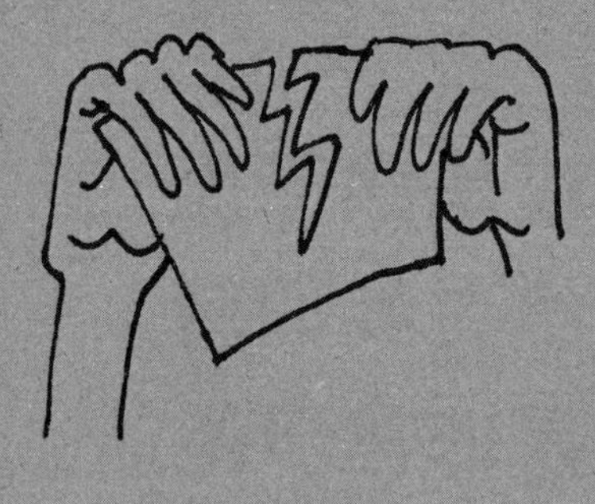

宇宙命运的其他可能性

根据当前的理论和对宇宙组成的测量数据，“指数膨胀”是我们认为宇宙最有可能面对的未来，但我们不能排除其他的可能性。

大撕裂

大撕裂或许是宇宙所有可能出现的结局中最“符合人性”的一种，因为它会涉及毫无必要的暴力和混乱的场面。在这一框架里，引力未能占据优势，它丧失了控制权，于是星系将四分五裂，甚至所有的分子和原子都将被撕碎，有点像是迈克尔·贝[11]导演下的宇宙结局。

就我们目前所知，暗能量在爱因斯坦的方程式中是以一种宇宙常数的形式出现的，这就意味着随着宇宙的不断膨胀，单位体积内暗能量的比例都会保持不变。这正是导致宇宙发生指数膨胀的原因，也是为何就如我们在前文中所提到的那样，每过大约 200 亿年，宇宙的大小就会膨胀一倍。但也有理论认为，随着宇宙的膨胀，暗能量的密度会增加，如此一来，宇宙将会永恒地加速膨胀，那么，所有的星系、恒星、行星甚至是原子和原子核，最终都将随着空间本身的膨胀而被撕裂，这就是所谓的大撕裂理论。

如果宇宙最终真的将以大撕裂收场，那么我们的死期到来将要比前面提到的热寂要迅速得多。一些估算认为，大撕裂如果要发生，只需要大约 200 亿年，那时候宇宙中完全还有可能存在着某些高度智慧的生命。

不稳定宇宙

还有一种可能性就是，我们所在的宇宙本身就是不稳定的。宇宙可能处在物理学家们所说的“假真空”[12]状态之中。你可以将真空想象成一个拥有许多沟谷的山区，我们今天所了解的物理学发生在其中的一个山谷中（被称为电弱真空），但如果还存在某个更低的山谷，那么毫无疑问的是，我们的宇宙将会朝着那个山谷演变。这将带来的是粒子质量以及它们之间相互作用力的完全重塑。处于更低处山谷中

的宇宙将会是一幅完全不同的场景，或许在这个宇宙中将不再具备支持星系、行星、恒星或者生命存在的条件。在标准模型中，这片山区的地形是由希格斯势能决定的，而后者则主要取决于希格斯玻色子和顶夸克[13]的质量大小。有意思的是，由大型强子对撞机测得的希格斯玻色子质量大约是125GeV，而顶夸克质量则约为172 GeV。这些数值很微妙，它们刚好让我们的宇宙处在稳定与不稳定之间的“半稳定”区域[14]。如果我们的宇宙果真处于一种假真空状态，那么我们所知的宇宙就应当拥有有限的生命；在某个时间点上，它将转变为“真真空”状态。有趣的是，电弱真空的稳定性问题在宇宙暴胀时期还要严重很多，主要原因是当时希格斯场中震荡的加剧。目前有很多理论，正尝试找出当时这个电弱真空之所以能够被稳定下来的原因，或许这背后隐藏着新的物理原理。所以，宇宙究竟是不是稳定的？答案是：我们还不知道！

大挤压

第三种可能性被称作大挤压。简单说就是，宇宙最终可能将再次收缩。如果你小时候有过被一根拉长的橡皮筋弹回来时打到眼睛的经历，你大概就可以想象当你被整个宇宙反弹回来打到你脸上的时候会有多痛——整个宇宙将收缩回到普朗克时间[15]的尺度。有一些模型认为暗能量的数量会随时间发生改变。如果暗能量的数量增加，那么我们将面临前面提到的大撕裂的命运。其他模型认为，暗能量的行为可能与暴胀场相似，后者驱动了宇宙大爆炸之后出现的暴胀过程。我们知道暴胀过程已经停止，至少在我们所在的宇宙区域已经停止，此时原先的暴胀场就转变为今天宇宙中存在的物质和暗物质。那么，有没有可能暗能量也是一种场，就像暴胀场那样，并最终发生同样的情况，进而驱使宇宙膨胀过程发生逆转？这个问题的答案是肯定的。计算显示，当暗能量场发生衰变，宇宙将很快迎来收缩。当前的理论估算认为这一情况下“宇宙末日”的到来不会在未来240亿年内发生，但最晚也不会晚于大约3.65万亿年。给出这一计算结果的论文（Wang et al., JCAP 0412:006,2004）内有一句话十分经典，它非常好地说出了科学上的宇宙末日预言与那些社交媒体上到处泛滥的耸人听闻的末日论调之间的区别：“以上的末日预测是根据模型得出的（如果模型不同，结论也会不同）。”

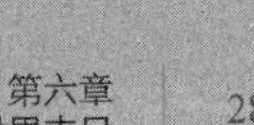

很遗憾，罗宾因为没钱，不能给自己的身体持续升级，因此他只好把自己的人格导出来，放进了一个“吃豆人”程序中。现在，他的生活就只剩下每天吃豆子和跑迷宫了。

吃的食物基本上就是一个巨大的桃子，但它的外皮比较厚，就像橘子皮。

气候变化的不断加剧意味着现在有很多人生活在水下。海洋里时不时会有一些“气候变化僵尸”游来游去，宣称没有证据证明他们身上是湿的。

在过去的32年里，布莱恩·考克斯每一处老化的身体部分都被进行了更换，但是不幸的是，有一次他曾经是D：Ream乐队成员的记忆被替换成了他是《天线宝宝》里面小“迪西”的记忆。现在的布莱恩经常会用他和天线宝宝拉拉和小波打架的故事来逗人开心。这些都是虚假的，但他深信不疑。

在2034年发生了一场大饥荒，猫和狗被大量吃掉，人们就没有宠物了。在那之后，表情符号快速进化，跳出了虚拟世界，满足了人们饲养宠物的需求。

大多数人类都还没有意识到，自从公元2043年以来，纳米机器人已经控制了这个世界。它们酝酿了一个接管世界的邪恶计划，但后来它们发现人类实在太愚蠢，他们到处做事毫无逻辑的样子真是太好笑啦！纳米机器人每天都被愚蠢的人类都得哈哈笑，就忘了邪恶计划。

今天最流行的家具之一是“悬浮沙发”，它可以悬浮在距离地面大约1米的空中，被认为是家具行业最伟大的创新之一。这个发明对人有什么好处？没人知道，也没人在意，反正它看上去很“未来”就对啦！

不管你来自哪一个宇宙，感谢您读完了《烹饪宇宙》这本书。我们希望你正享受着属于你的现实的当下。

请记住，你对于这本书的感受是主观的（而不是客观的），因此不管你在前面阅读本书时感觉到快乐还是失望，这些感觉的产生，和你自己是有很大关系的。

这是给你的家庭作业，你要接受的挑战如下：

1. 用 100 个字解释为何你并非生活在一个模拟器里。你们中的一部分人可能会觉得这个问题非常简单，但另一些人却感觉非常难，这是因为我们的读者中有一半的人是由布莱恩负责模拟的，而负责模拟另一半人的则是罗宾。看看模拟你的人是谁？

2. 在 60 秒内，尽可能多地给出以下这个问题的各种回答。比如："如果我们是从猴子进化来的，那为什么现在世界上还有猴子？""因为总得有猴子在动物园里踩三轮车啊！"

3. "光是看到孔雀开屏，我就浑身难受。"这句话是谁说的？

4. 只用三块小石头，外加一条绳子，估算 π 的值到小数点后 217 位。

5. 使用煤烟、猪油、一个果酱罐子和闪电来制造生命。

6. 说出三种不同的方法来救活一个死掉的草莓。

7. 论证使用乐高玩具可以搭建出一台宇宙图灵机，并可以用它创造出一个罗宾是可能的（你可以忽略他穿的开衫）。

注释：

[1] 也即假定暗能量是一种宇宙常数。

[2] 我们可以借由弗里德曼方程估算遥远的未来的宇宙中的哈勃常数，条件是我们需要知道今天宇宙中的暗能量比例以及当前的哈勃常数值。在遥远的未来，宇宙大约每隔200亿年就会变大一倍。

[3] 即M31，唯一一个肉眼可以勉强看到的大型河外星系，直径超过20万光年，距离地球大约250万光年。

[4] 即M33，本星系群中又一重要成员，直径约6万光年，距离地球大约300万光年。

[5]“大统一理论”，是一种物理理论。物理学家希望能统一电磁相互作用、强相互作用和弱相互作用导致的物理现象（注意，其中未包括引力）。大统一理论算是物理界迈向万有理论的重要一步。

[6] 如果宇宙中存在质量很小的黑洞，它们或许产生于大爆炸过后暴胀末期宇宙的极端环境之中。这些黑洞的寿命大致和宇宙当前寿命相当，因此它们的衰变爆发应该能够被观察到。美国航天局发射的费米伽马射线空间望远镜目前正在开展对于这类原初黑洞衰变信号的搜寻，但到目前为止，尚未有收获。一个质量大约10^{11}千克的黑洞的寿命大约与宇宙目前的年龄相当。

[7] 古斯塔夫·马勒（Gustav Mahler，1860—1911），奥地利作曲家、指挥家。

[8] 西尔维娅·普拉斯（Sylvia Plath，1932—1963），美国天才诗人、小说家，代表作有《瓶中美人》和《普拉斯的美人鱼》等。

[9] 简·奥斯汀（Jane Austen，1775—1817），英国著名小说家，代表作有《傲慢与偏见》《理智与情感》等。

[10] 大卫·林奇（David Lynch，1946— ），美国电影与电视导演，作品风格诡异，多带有超现实主义风格。代表作有《双峰镇》。

[11] 迈克尔·贝（Michael Bay，1965— ），美国电影导演，擅长拍摄超高预算、制作豪华、画面火爆、特效酷炫的大制作影片，代表作如《绝地战警》《勇闯夺命岛》《珍珠港》以及《变形金刚》等。

[12] 假真空（false vacuum），在量子场论中，假真空是一种理论上的真空状态，其并非处于最低能态，因此并非完全稳定，可能会向“真真空”状态转变。

[13] 顶夸克（Top quark），基本粒子之一，属于费米子中的第三代夸克，也是已知最重的基本粒子。布莱恩原书图注提到，原书的审稿人杰夫·福肖教授指出，这里还应该加入希格斯自耦合机制。

[14] 具体情况可以参阅文献，比如Degrassi et al, JHEP08(2012) 098。

[15] 普朗克时间（Planck time）是光波在真空里传播一个普朗克长度的距离所需的时间，数值约为5×10^{-44}秒。从理论上来说，它是最小的可测时间间隔。

致谢

毫无疑问，如果没有《无限猴笼》这个广播节目，就不会有这本书，因此我们首先想要感谢BBC 4台的同事们。最要感谢的，当然就是我们既耐心又充满智慧的编辑德布拉•科恩(Deborah Cohen),她是BBC科学广播部门的负责人；另外，还有我们出色的制作协调员玛利亚•西蒙斯（Maria Simons），没有她的帮助，我们的节目就没法做下去。因此，她是我们的第4号猴子。

同样非常感谢的还有我们勇敢而极富洞见的责任编辑——BBC 4台的莫希特•巴卡亚（Mohit Bakaya）。在2009年，正是他冒着巨大风险允许我们开播这档节目，并在此后一直陪伴我们，支持我们时不时冒出来的疯狂点子，迄今已经走过了17季，还在继续。谢谢你，莫！还有格温尼思•威廉姆斯（Gwyneth Williams）以及BBC 4台的其他所有同事。

最后，在BBC 4台，我们还要感谢录音室管理团队的那些天才同事，他们每次都要负责录制我们“乱七八糟”的节目，然后还要把它处理成更加顺畅、更加专业的播出形式（的确，他们真的已经尽力了）。谢谢你们，格力斯•阿斯彭（Giles Aspen）、盖勒•戈登（Gayle Gordon）、鲍勃•奈塔尔斯（Bob Nettles）、加里•纽曼（Gary Newman）、吉尔•阿布拉姆（Jill Abram）以及马克•

威尔考克斯（Mark Wilcox）。

我们想要感谢那些时常上我们节目的嘉宾，他们同时也为这本书的出版提供了宝贵的支持。尤其是杰夫·福肖教授，他花费大量时间阅读并检查本书的全稿；还有尼克·莱恩教授（Nick Lane），如果没有他们的帮助，我们关于草莓生死的辩论永远都不会有尽头。（当然，我们现在仍然不能确定，这场争论结束了吗？）

我们感谢汉娜·福莱（Hannah Fry）、露西·库克（Lucy Cooke）以及亚当·卢瑟福（Adam Rutherford），感谢他们的贡献，还有凯蒂·布兰德（Katy Brand）——猴笼节目中的“超人”，现在她早已拿到了草莓哲学的博士学位。

我们还想感谢卡洛斯·弗兰克教授（Carlos Frenk）以及所有那些参与我们节目的出类拔萃的科学家，他们在各自领域的工作和热情启迪了本书中所涉及的大部分科学内容。

特别鸣谢我们“厚颜无耻的猴子们”为我们创作的主题音乐，埃里克·埃达尔（Eric Idle）写了词，杰夫·林尼（Jeff Lynne）是制作人和表演者。我们很高兴让他们从百忙中歇息一下，希望他们未来都能美梦成真。

谢谢你，娜塔莉·凯－塔彻（Natalie Kay-Thatcher），你为本书所作的插画真是太棒了，罗宾最早是在一场有关两种文化碰撞的展览中了解到这些画作的；还有本·詹宁斯（Ben Jennings），感谢百忙之中抽空儿在这本书里画上了达尔文的蠕虫，还有其他完美的插画。

最后，感谢哈珀柯林斯出版公司耐心的团队，他们以难以置信的速度和技巧完成了本书的出版工作。尤其想要感谢茱莉亚·科匹茨（Julia Koppitz）以及马里斯·亚奇巴尔德（Myles Archibald），当然还有图书设计师佐伊·巴瑟（Zoë Bather），插画师夏洛特·安格尔（Charlotte Ager）、霍利·欧尼尔（Holly O'Neil）和奥利弗·麦克唐纳·奥兹（Oliver Macdonald Oulds）。他们将我们长久以来一直在头脑中酝酿的想法变成了实实在在的东西。

和我们三个完全不一样，在整个制作过程中，他们一直鼓励我们，充满热情，耐心而专业，他们对于“无限猴笼”的体验肯定要比他们原先预想的更加深刻。他们完全就是魔法师，如果我们相信的话。

我们非常喜欢我们所做的东西，希望你也会喜欢。

布莱恩·考克斯，罗宾·因斯和萨沙·费凯姆

2017 年 9 月